W0258802

Hessisches Ministerium für Umwelt (Hrsg.)

Projektmanagement bei der Sanierung bewohnter Altlasten

Springer

Berlin
Heidelberg
New York
Barcelona
Hong Kong
London
Mailand
Paris
Singapur
Tokio

Hessisches Ministerium für Umwelt (Hrsg.)

Projektmanagement bei der Sanierung bewohnter Altlasten

Praxisberichte der Tagung Bewohnte Altlasten II
vom 21. und 22. Januar 1998 in der Kongreßhalle Gießen

Die Tagung wurde veranstaltet vom Hessischen Ministerium
für Umwelt, Energie, Jugend, Familie und Gesundheit, dem
Bundesministerium für Bildung, Forschung, Wissenschaft
und Technologie und der Hessischen Industriemüll GmbH

Redaktionelle Bearbeitung und Koordination:
Marcus Bloser, Institut Kommunikation & Umweltplanung GmbH

Springer

Hessisches Ministerium für Umwelt
Mainzerstraße 98-102
65189 Wiesbaden

ISBN 978-3-642-64238-8 Springer-Verlag Berlin Heidelberg New York

Die Deutsche Bibliothek – CIP-Einheitsaufnahme
Projektmanagement bei der Sanierung bewohnter Altlasten :
Praxisberichte / Hrsg. Hessisches Ministerium für Umwelt. - Berlin ; Heidelberg ; New York ;
Barcelona ; Hong Kong ; London ; Mailand ; Paris ; Singapur ; Tokio : Springer, 1999

ISBN-13: 978-3-642-64238-8   e-ISBN-13: 978-3-642-60060-9
                                 DOI: 10.1007/978-3-642-60060-9

© Springer-Verlag Berlin Heidelberg 1999
Softcover reprint of the hardcover 1st edition 1999

Satz: Reproduktionsreife Vorlage der Autoren
Umschlaggestaltung: de'blik, Berlin

SPIN: 10693350   30/3136   - 5 4 3 2 1 0 - Gedruckt auf säurefreiem Papier

Grußworte

MARGARETHE NIMSCH

Hessische Ministerin für Umwelt, Energie, Jugend, Familie und Gesundheit, zur Eröffnung der Tagung „Bewohnte Altlasten II" am 21. und 22. Januar 1998 in Gießen.

Sehr geehrte Damen und Herren,

ich freue mich, Sie heute zur zweiten Tagung zum Thema *Sanierung bewohnter Altlasten* begrüßen zu können. Die heutige Veranstaltung setzt den im September 1995 begonnenen Erfahrungsaustausch fort. Ziel der damaligen Tagung war es, die Erfahrungen der HIM als Altlastensanierungsgesellschaft in Bezug auf Großprojekte wie Stadtallendorf und Hessisch Lichtenau vorzustellen, und mit den Erfahrungen in anderen Bundesländern zu vergleichen.

Diesmal sollen verstärkt andere Akteure zu Wort kommen, nämlich Vertreter der Bewohner von Altlasten-Gebieten, die aus ihrer unmittelbaren Betroffenheit heraus Anregungen für die Verfahrensabwicklung geben werden.

Meine Damen und Herren, wir haben kurz vor der Jahrhundertwende viele Umweltprobleme zu lösen. Bei den meisten geht es nicht etwa darum, an einer noch besseren Umwelt zu arbeiten, sondern es geht darum, die Fehler der Vergangenheit zu korrigieren, und die negativen Auswirkungen eines jahrelangen Lebens über unseren Verhältnissen gezielt einzuschränken.

In den letzten Jahren ist vor allem dank der Arbeit zahlreicher Umweltverbände ein neues Bewußtsein in der Öffentlichkeit entstanden, das jenseits von Forderungen gegenüber dem Staat, der Industrie und der Politik Aktivitäten von Bürgerinnen und Bürgern auf vielfältigen Ebenen ausgelöst hat. Für viele Menschen ist es zur Selbstverständlichkeit geworden, daß jeder und jede ein Stück Verantwortung für die Zukunft trägt, ja tragen muß. Diese Rückmeldung bekam ich in jüngster Zeit angesichts der starken Beteiligung der hessischen Kommunen an der lokalen Umsetzung der Agenda 21 sehr deutlich. Ich freue mich deshalb besonders, daß ein Schwerpunktthema der heutigen Tagung sich mit der Bürgerbeteiligung und den Möglichkeiten der Projektbeiräte bei der Sanierung von bewohnten Altlasten beschäftigen soll.

Die Sanierung bewohnter Altlasten stellt für die betroffenen Bewohnerinnen und Bewohner eine Belastung dar: Es geht ihnen um bereits erlittene Gesundheitsschäden bzw. um fortbestehende Gesundheitsrisiken; für Eigentümer sind mögliche finanzielle Einbußen durch Wertverluste von betroffenen Grundstücken von Bedeutung und nicht zuletzt die Sanierung selbst, mit ihren Bautätigkeiten, greift entscheidend in die Lebensumstände der Bewohnerinnen und Bewohner ein. Auf diese für die betroffenen Menschen belastende Situation müssen die zuständigen Institutionen mit einer umfassenden, transparenten Informationspolitik reagieren.

Die Altlastenbehörden, die Sanierungsverantwortlichen und in vielen Fällen die HIM, als Altlastensanierungsgesellschaft sind hier gefordert, um die größtmögliche Akzeptanz der Sanierungsaktivitäten vor Ort zu erreichen.

Das Hessische Altlastengesetz sieht in diesem Zusammenhang vor, daß Beiräte von den Betroffenen gebildet werden können. In diesen Beiräten werden die erforderlichen Maßnahmen beraten und es können Empfehlungen an die Altlastenbehörden ausgesprochen werden. Die Voraussetzungen für transparente Verwaltungsverfahren und offensive Öffentlichkeitsarbeit sind hiermit gegeben. Es gilt nun in der Praxis, Wege zu beschreiten, die eine optimale Beteiligung der Betroffenen an den Altlastenverfahren gewährleisten und dann aber auch zügige Entscheidungen der Altlastenbehörden ermöglichen. Dabei ist die Akzeptanz der Behördenentscheidung durch die betroffenen Menschen ganz wichtig. Hier müssen wir uns fortlaufend um eine Optimierung der Zusammenarbeit mit den betroffenen Menschen bemühen. Diese Tagung soll dazu beitragen und ich danke Ihnen jetzt schon für die Anregungen aus Sicht der Betroffenen, die wir heute bekommen werden.

Es ist an dieser Stelle auch ein zentrales Thema der Sanierungsabwicklung anzusprechen: Die Finanzierung. In Hessen gibt es derzeit drei größere zusammenhängende Wohngebiete, die von der Altlastenproblematik betroffen sind, sowie 50 kleinere bewohnte Bereiche. Bei den größeren zusammenhängenden Wohngebieten handelt es sich um die Rüstungsaltstandorte Stadtallendorf und Hessisch Lichtenau sowie den Altstandort Lampertheim-Neuschloß. Bei einer großen Zahl von Sanierungsfällen können Sanierungsverantwortliche nicht mehr ermittelt werden oder aber sie sind finanziell nicht leistungsfähig. Zum Teil ist die Frage der Sanierungsverantwortung auch streitbefangen und damit noch offen. Ferner gibt es Fälle, bei denen in Vergleichen zwischen Land und Sanierungsverantwortlichen deren Kostentragung auf bestimmte Beträge beschränkt wurde. Alle diese Sanierungsprojekte werden der Hessischen Industriemüll GmbH, Bereich Altlastensanierung (HIM-ASG) übertragen. Diese übernimmt die Untersuchung und Sanierung, die vom Land Hessen finanziert wird.

Die Größenordnung der Kosten für die Sanierung der bewohnten Altlasten beträgt insgesamt mehrere 100 Mio. DM. Diese Größenordnung weist auf das Spannungsfeld zwischen dem verständlichen Wunsch der betroffenen Menschen, nach rascher Sanierung auf der einen Seite und den Grenzen des finanziell Machbaren auf der anderen Seite hin. Hier sind Politik und Verwaltung gefordert, den Betroffenen diese Grenze zu vermitteln und das Machbare zu vertreten. Auch die Lokalpolitik muß sich an landesweiten Rahmenbedingungen orientieren und Prioritäten akzeptieren.

Trotz der angespannten Haushaltslage stellt das Land für die Altlastensanierung erhebliche Mittel zur Verfügung. Bisher wurden vom Land der HIM-ASG rund 290 Mio. DM zur Verfügung gestellt. Im Jahr 1998 werden es wieder über 50 Mio. DM sein. Allerdings werden schon heute bei der HIM-ASG Beginn und Dauer der Bearbeitung von Sanierungsprojekten von diesem verfügbaren finanziellen Rahmen bestimmt. Dies wird sich bei gleich bleibenden Mitteln und einer steigenden Anzahl von Sanierungsprojekten künftig noch verstärken. Hier müssen den betroffenen Menschen „Wartezeiten" bis zur Sanierung zugemutet werden. Für die Reihenfolge der Sanierungen ist eine Prioritätenbildung unerläßlich. Bewohnte Altlasten werden dabei immer eine hohe Priorität einnehmen. Es muß aber auch eine Abwägung insbesondere zu Altlasten mit einem hohen Gefährdungspotential des Grundwassers erfolgen.

Ich bin trotz aller Probleme überzeugt, daß Hessen bei der Altlastensanierung insgesamt auf dem richtigen Weg ist. Die Teilnehmer dieser Tagung werden neue Denkanstöße bekommen, um diesen Weg weiterzuentwickeln.

Meine Damen und Herren, liebe Tagungsgäste, ich wünsche der Tagung einen erfolgreichen Verlauf mit interessanten Vorträgen und lebhaften Diskussionen.

Vielen Dank!

Margarethe Nimsch

PROFESSOR DR. GÜNTER HÖHLEIN

Geschäftsführer der Hessischen Industriemüll GmbH (HIM), Wiesbaden

Sehr geehrte Frau Ministerin Nimsch,
meine Damen und Herren,

zur Tagung mit dem Thema „Bewohnte Altlasten", die wir zum zweiten Mal veranstalten, begrüße ich Sie sehr herzlich und freue mich über den regen Zuspruch, den das Thema auch diesmal wieder hervorgerufen hat. Während die erste Tagung, die vor zwei Jahren in Kassel stattfand, mehr dem Thema Sanierung bewohnter Altlasten und dem Verhältnis Sanierung – Bauleitplanung, dem Sanierungsmanagement und den Sanierungszielen gewidmet war, hat die heutige Veranstaltung andere Schwerpunkte wie etwa die verschiedenen Formen der Bürgerbeteiligung, die Auswertung von Erfahrungen, die man bei der Altlastensanierung in den Vereinigten Staaten gemacht hat sowie die Frage nach Freiwilligkeit oder Ordnungsverfügung bei einzelnen Sanierungsmaßnahmen. Ein wiederkehrendes Thema ist – und wird es wohl immer sein – das Spannungsfeld von Ökologie und Ökonomie bei unserem Tun. Diese Frage stellt sich nicht nur bei den bewohnten Altlasten, sondern bei allen unseren Projekten.

Am deutlichsten sprechen Zahlen das aus, was wir in den vergangenen 7 Jahren geleistet haben. Im Jahr 1990 haben wir unsere Arbeit aufgenommen, 1991 betreuten wir bereits 10 unterschiedliche Sanierungsfälle. Die Zahl der Vorhaben, die wir im Auftrag der Hessischen Landesregierung bearbeiten, stieg kontinuierlich an und zum Ende des Jahres 1997 betreute die HIM-ASG insgesamt 66 Projekte. Davon sind 9 Projekte so gut wie abgeschlossen, das heißt sie befinden sich im Stadium der Erfolgskontrolle oder der Nachsorge. 26 Fälle haben wir überprüft und vorläufig zurückgestellt, wobei diese Vorhaben aber ständig überwacht werden, 31 Sanierungsfälle sind in aktiver Bearbeitung, dabei handelt es sich in 20

Fällen um bewohnte Altlasten, darunter als die umfangreichsten die Rüstungsaltstandorte Hessisch Lichtenau und Stadtallendorf, und bei 11 Vorhaben um nicht bewohnte Altlasten. Worauf der Schwerpunkt der Sanierungsmaßnahmen liegt, ersehen Sie daran, daß in 27 von den 31 Sanierungsfällen das Grundwasser betroffen ist, wie notwendig das ist, erkennen Sie aus der Tatsache, daß durch unser Handeln die Trinkwasserversorgung von 1,5 Millionen Menschen gesichert wurde.

Um die Schutzgüter Gesundheit, Grundwasser und Boden zu erhalten, haben wir eine Gesamtfläche von rund 100 Quadratkilometern weitestgehend abschließend erkundet. Wir haben 0,7 Quadratkilometer Flächen wieder verfügbar gemacht, haben rund 36 laufende Kilometer Abwasserkanäle erkundet und die dort vorgefundenen Schadstoffe entfernt. Dazu wurden 83 Millionen Kubikmeter Bodenluft und 23 Millionen Kubikmeter Grundwasser gereinigt und insgesamt 207.000 Tonnen Böden dekontaminiert und teilweise wieder eingebaut. Was wir dabei herausgeholt haben, auch das läßt sich in Zahlen ausdrücken: Insgesamt haben wir 1.300 Tonnen Schadstoffe ausgebracht, darunter allein 200 Tonnen Mineralöl, knapp 3 Tonnen kristallinen Sprengstoff und 21 kg metallisches Quecksilber, um nur einige Beispiele zu nennen; daneben aber natürlich auch die „gängigen" Schadstoffe wie leichtflüchtige halogenierte Kohlenwasserstoffe, polyzyklische aromatische Kohlenwasserstoffe, polychlorierte Biphenyle, Cyanide und verschiedene Schwermetalle.

Soviel zum ökologischen Aspekt, lassen Sie mich noch ein paar Worte zu dem ökonomischen Aspekt sagen, mit anderen Worten: Was hat das alles bisher gekostet? In der Zeit von 1990 bis 1997 wurden brutto 290 Million DM aufgewendet, die sich nach Abzug der Mehrwertsteuer und der Verwaltungskosten folgendermaßen aufteilen: 111 Mio. DM für die Durchführung der eigentlichen Sanierungsarbeiten, 33 Mio. DM für Erkundungsmaßnahmen, 30 Mio. DM für Planungsarbeiten und die Ausführungsüberwachung, 5 Mio. DM für Sicherungsmaßnahmen. Die restlichen 53 Mio. DM wurden im Wesentlichen für Maßnahmen zur Gefahrenabwehr, Sondergutachten, Rekultivierungsarbeiten, Ausgleichs- und Ersatzmaßnahmen, Bürgerbeteiligung, projektbezogene Öffentlichkeitsarbeit aufgewendet.

Führt man zum Schluß die beiden Komponenten Ökologie und Ökonomie ganz eng zusammen, so kommen wir zu dem Ergebnis, daß das Land Hessen für die Wiederherstellung von 700.000 Quadratmetern 290 Millionen DM aufgewendet hat, das macht 414,– DM pro Quadratmeter, ein vertretbarer Preis, wann man bedenkt, daß die meisten Flächen vor ihrer Sanierung quasi unverkäuflich waren, also einen Verkehrswert von Null DM hatten.

Wer antritt. die in der Vergangenheit entstandenen Umweltbelastungen aufzuarbeiten, braucht neben technischem Know-how, das bei der HIM-ASG vorhanden ist, vor Allem Geduld und einen langen Finanzierungsatem, den wir bei den politisch Verantwortlichen auch für die folgenden Jahre sehen.

Ich wünsche uns allen einen erfolgreichen Verlauf der Tagung mit der Möglichkeit, an der Exkursion teilzunehmen und in den jeweiligen Workshops zu konkreten Ergebnissen zu kommen und danke Ihnen nochmals für Ihr Kommen.

Professor Dr. Günter Höhlein

Inhaltsverzeichnis

Abkürzungsverzeichnis

ARARs	Applicable or Relevant and Appropriate Regulations, für den Fall anwendbare, relevante und angemessene Gesetze und Regelwerke des Bundes und der Bundesstaaten
Ba	Barium
BAK	Behördenarbeitskreis
BB	Bürgerbeteiligung
BBB	BürgerBeteiligungsBüro
BMBau	Bundesministerium für Raumordnung, Bauwesen und Städtebau
BMBF	Bundesministerium für Bildung, Wissenschaft, Forschung und Technologie
BMF	Bundesministerium der Finanzen
BMU	Bundesministerium für Umwelt, Naturschutz und Reaktorsicherheit
BMWi	Bundesministerium für Wirtschaft
BRAC	Base Realignment and Closure; Programm zur Sanierung und Schließung militärischer Stützpunkte
BUND	Bund für Umwelt und Naturschutz Deutschland
BVAB e.V.	Bundesverband Altlastenbetroffener e.V.
CAG	Community Action Group, Bürgerinitiative
CERCLA	Comprehensive Environmental Response, Compensation and Liability Act, Zusammenfassendes Gesetz für Umweltschutzmaßnahmen, Entschädigung und Haftung
CFR	Code of Federal Regulations, Sammlung von Normen und Vorschriften
COE	US Army Corps of Engineers, technische Abteilung der Army, die sich mit Bau-Fragen befaßt
Cr	Chrom
CRP	Community Relations Plan, Planungsdokument zur vorgesehenen Öffentlichkeitsarbeit
Cu	Kupfer
DAG	Dynamit AG
DERP	Defence Environmental Restoration Program, Umweltsanierungsprogramm des U.S. Verteidigungsministeriums
DoD	Department of Defence, U.S. Verteidigungsministerium
DoE	Department of Energy, U.S. Energieministerium
EPA	Environmental Protection Agency, Umweltschutzbehörde der USA
ERD	Environmental Restoration Division and Oversight Division; für das Program-Management zuständige Stelle der U.S. Army
GOK	Geländeoberkante
HAltlastG	Hessisches Altlasten Gesetz
HDI	Hexylen-diisocyanat
Hg	Quecksilber
HIM GmbH	Hessische Industriemüll GmbH
HIM-ASG	Hessische Industriemüll GmbH, Geschäftsbereich Altlastensanierung

HLFU	Hessische Landesanstalt für Umwelt
HOAI	Honorarordnung für Architekten und Ingenieure
HRS	Hazard Ranking System, standardisiertes Bewertungssystem für Gefährdungen zur Prioritätensetzung
IBA	Internationale Bauausstellung
IRP	Installation Restoration Program; Sanierungsprogramm für militärische Liegenschaften
I-TEQ	Internationale Toxizitätsäquivalente für PCDD/PCDF nach NATO/CCMS
MOSAL	„Modellhafte Sanierung bewohnter Altlasten" – Forschungsreihe des Bundesministeriums für Bildung, Wissenschaft, Forschung und Technologie
NCP	National Oil and Hazardous Substances Contingency Plan, Verordnung zum Vorgehen in Fällen von Freisetzung gesundheits- oder umweltgefährdender Stoffe
Ni	Nickel
NPAR	Nonbinding Preliminary Allocations of Responsibility, unverbindliche, vorläufige Note zur ersten Identifizierung möglicher Sanierungspflichtiger
NPL	National Priorities List, Nationale Prioritätenliste in der alle Superfund-Standorte nach ihrem HRS-Bewertungsergebnis eingeordnet sind
O+M	Operation and Maintenance, Wartung und Überwachung des dekontaminierten Standortes nach dem Abschluß der Sanierung
PA	Preliminary Assessment, Ersteinschätzung einer Verdachtsfläche
PAK	Polycyklische aromatische Kohlenwasserstoffe
PAN	Projektbeirat Altlasten Neuschloß
Pb	Blei
PCDD	Polychlorierte Dibenzodioxine
PCDF	Polychlorierte Dibenzofurane
PP	Proposed Plan, Sanierungsplanentwurf wird offengelegt
PRP	Potentially Responsible Party, möglicher Sanierungspflichtiger
RAB	Restoration Advisory Board, Sanierungsbeirat
RD	Remedial Design, Sanierungsplanung (Phase)
RI/FS	Remedial Investigation/Feasibility Study, Sanierungsuntersuchung mit Alternativenprüfung und Machbarkeitsstudie
ROD	Record of Decisions, Dokumentation aller Entscheidungen zum und Kurzdarstellung des Sanierungsplan(s) (Dokument)
RP	Regierungspräsidium
RPM	Remedial Project Manager, Projektmanager der Sanierung
RRSE	Relative Risk Site Evaluation, einheitliche Bewertung des Gefährdungspotentials von Kontaminationen auf den Liegenschaften des Verteidigungsministeriums
SARA	Superfund Amendments and Reauthorization Act, Ergänzungs- und Erneuerungsgesetz für den Superfund (=CERCLA)
SI	Site Investigation, Geländeuntersuchung

SITE	Program, Superfund Innovative Technology Evaluation Program, Förderprogramm der U.S. EPA zur Entwicklung und Verbreitung innovativer Sanierungstechnologien
TAG	Technical Assistance Grants, Finanzielle Zuschüsse der Regierung für Betroffenenorganisationen bei Altlastensanierungen, z. B. zur Finanzierung eigener technischer Berater
TNT	Tri-Nitro-Toluol
TNT-TE	Tri-Nitro-Toluol-Toxizitätsäquivalente
USAEC	U.S. Army Environmental Center
VOB	Verdingungsordnung für Bauleistungen
VOL	Verdingungsordnung für Leistungen
WASAG	Westfälisch-Anhaltinische-Sprenstoff AG
ZL	Zwischenlager
Zn	Zink

Schwerpunkte der Forschungsförderung des Bundes auf dem Gebiet der Altlastensanierung in Deutschland

UWE WITTMANN

Vorbemerkung

Der Vortrag basiert auf Arbeitsergebnissen des Projektträgers sowie dem neuen Programm der Bundesregierung „Forschung für die Umwelt". Er konzentriert sich auf die Forschungsförderung durch das Bundesministerium für Bildung, Wissenschaft, Forschung und Technologie (BMBF), für das das Umweltbundesamt seit 1976 als Projektträger tätig ist. Förderaktivitäten anderer Bundesministerien (z.B. BMU, BMWi, BMBau) oder aber der Deutschen Bundesstiftung Osnabrück werden nicht angesprochen.

Folgende Fragestellungen werden behandelt:

- Welche Bedeutung mißt der Bund dem Thema der Sanierung bewohnter Altlasten zu?
- Welche strategischen Ziele verfolgt der Bund bei der Sanierung bewohnter Altlasten?
- Welche Projekte zur Sanierung bewohnter Altlasten werden aktuell gefördert?
- Welchen Stellenwert haben neue Sanierungs- bzw. Sicherungstechnologien in der Förderpolitik des Bundes?
- Welche Projekte zur Sanierung bewohnter Altlasten werden aktuell gefördert?
- Was sind die wichtigsten Ergebnisse bisheriger Förderprojekte?
- Wo werden in der Zukunft Förderschwerpunkte für bewohnte Altlasten gesetzt?

Welche Bedeutung mißt der Bund dem Thema der Sanierung bewohnter Altlasten zu?

Mit dem neuen Programm der Bundesregierung „Forschung für die Umwelt", das im September 1997 der Öffentlichkeit vorgestellt wurde, wird der Altlastenforschung auch weiterhin unter dem Programmansatz „Die Umwelt regional und global gestalten" ein wichtiger Platz eingeräumt.

Dabei wird mit Blick auf die bewohnten Altlastenstandorte hervorgehoben, daß eine nachhaltige Nutzung von Naturvermögen, durch welche die Entwicklungsfähigkeit der Ökosysteme gewährleistet werden soll, auch im Hinblick auf urban-industrielle Räume erfolgen soll.

Zugleich wird jedoch festgestellt, daß die Lösung der vorrangig in den letzten beiden Jahrhunderten entstandenen Altlastenproblematik mehrere Jahrzehnte in Anspruch nehmen wird.

Diese Aussage soll nachfolgende, sehr vereinfachte Rechnung veranschaulichen. Seit Anfang der 80er Jahre wurden in Deutschland schätzungsweise 3000 Altlastenstandorte saniert. Bei ca. 10 % der für das Jahr 2000 prognostizierten 240.000 Altlastenverdachtsflächen müssen Sicherungs- und Sanierungsmaßnahmen durchgeführt werden. Das sind ca. 24.000 Altlastenstandorte. Bei einer Sanierung von durchschnittlich jährlich 500 Altlastenstandorten würden in Deutschland noch 40–50 Jahre benötigt werden, Gefahren abzuwehren und eine Wiedernutzung der betroffenen Fläche zu ermöglichen.

Welche strategischen Ziele verfolgt der Bund bei der Sanierung bewohnter Altlasten?

Bekanntlich ist Deutschland ein dichtbesiedeltes Land. Rund 80 % der Bevölkerung lebt in Städten, in denen die gewerbliche Produktion und der Verkehr konzentriert sind sowie eine intensive Flächennutzung erfolgt.

Zur Erinnerung seien hier nur einige Fakten genannt, die unseren Umgang mit den Naturressourcen und der Umwelt charakterisieren.

Die versiegelte Fläche hat sich in Deutschland in den letzten 50 Jahren verdoppelt. Durch Bauten sowie Versiegelungsmaßnahmen gehen täglich 80–100 ha Freifläche verloren. Bei einer ungehinderten Fortsetzung der Tendenz würde die in Deutschland insgesamt zur Verfügung stehende Fläche in 80–100 Jahren aufgebraucht sein.

Als Gesamtfläche stehen in Deutschland ca. 35.696.987 ha zur Verfügung. Davon nehmen

- Siedlungs- und Verkehrsflächen   ca. 11,5 %
- Landwirtschaftsflächen   ca. 54,7 %
- Waldfläche   ca. 29,1 %
- Wasserfläche   ca. 2,6 % und
- sonstige Flächen   ca. 2,1 % ein.

In den Großstadtregionen und Ballungsräumen der alten Bundesländer beträgt der Verdichtungsgrad über 50 %, darunter in München 74,1 % und im Westteil Berlins 72,2 %. In den neuen Bundesländern bestehen hohe Verdichtungen um Berlin und Dresden sowie entlang der Siedlungsachse von Magdeburg über Leipzig bis Chemnitz. In den dichtbesiedelten Räumen konzentrieren sich die Belastungen des Bodens. Es findet ein stetiger Eintrag von Schadstoffen in den Boden, der zu einer Anreicherung führt, statt. Die Folge sind negative Veränderungen der physikalischen, chemischen und biologischen Bodeneigenschaften. Darüber hinaus sind Grundwasserabsenkungen, teilweise irreversible Schäden in der Pflanzendecke und eine Reduzierung biologisch aktiver Bodenflächen sowie eine starke Versiegelung zu verzeichnen.

Laut Sondergutachten Altlasten I, 1989 sind über 30 % der Stadtgebiete in Deutschland als altlastengefährdet eingestuft. Diese Einstufung behindert oft die städteplanerische Entwicklung und kann bis hin zum realen Wertverlust für die betroffenen Grundstücke führen.

Entsprechend dem Programm „Forschung für die Umwelt" sollen daher im Zusammenhang mit Konzepten für eine nachhaltige Entwicklung von Regionen dort, wo Landschaft durch menschliche Eingriffe grundlegend geschädigt oder ausgeräumt wurde, durch Sanierung (Beseitigung von Altlasten und Rekultivierung) wieder entwicklungsfähige Ökosysteme, d.h. auch erlebenswerte Stadtökosysteme, ermöglicht werden.

Durch die Altlastensanierung sollen insbesondere Hindernisse für die künftige Nutzung der Standorte sowie wirtschaftliche und raumordnerische Entwicklung, z.B. in den neuen Bundesländern beseitigt werden.

Die Sanierung bewohnter Altlasten bildet zugleich die Voraussetzung für Konzepte, um die Stadt nach heutigen Wertmaßstäben lebenswert zu gestalten und gleichzeitig mit dem vorhandenen Boden sparsam und schonend umzugehen.

Welche Projekte zur Sanierung bewohnter Altlasten werden aktuell gefördert?

Im Rahmen der 1990 begonnenen Fördermaßnahme des BMBF „Modellhafte Sanierung von Altlastenstandorten" wurden neben Vorhaben für verlassene Industriestandorte und Altablagerungen drei Forschungsvorhaben in intakten Wohngegenden durchgeführt.

In Berlin wurde in der Haynauerstraße unter dichtbesiedelten Verhältnissen einer Großstadt ein ehemaliger Standort eines kleinen Chemieunternehmens gesäubert und einer gewerblichen Nutzung zugeführt.

In der Stadt Konz/Rheinland-Pfalz wurde demonstriert, wie eine durch einen Gaswerksstandort verunstaltete Stadtmitte für die Bildung eines Stadtzentrums durch Schaffung neuer Wohnungen und Geschäfte genutzt werden kann. Die Vorhaben wurden 1994 bzw. 1997 abgeschlossen.

In der Stadt Stadtallendorf wird demonstriert, wie ein altes TNT-kontaminiertes Industriegelände, in dem über 12.000 Menschen leben und arbeiten, von den Schadstoffen gereinigt werden kann.

Dieses Vorhaben ist ein Schwerpunktvorhaben der genannten Fördermaßnahme und befindet sich gegenwärtig noch in Durchführung. Das BMBF unterstützt die Arbeiten in Stadtallendorf mit ca. 23 Mio. DM.

Ein weiteres Forschungsvorhaben wurde in der Stadt Osnabrück durchgeführt. Es war auf die Senkung der Erkundungskosten im Zusammenhang mit der Gefahrenbewertung im Stadtteil „Wüste Osnabrück" gerichtet. Dieser Stadtteil wurde auf einem mit Abfällen zugeschütteten Sumpf errichtet. Das Vorhaben wurde 1997 abgeschlossen.

Welchen Stellenwert haben neue Sanierungs- bzw. Sicherungstechnologien in der Förderpolitik des Bundes?

In dem Programm „Forschung für die Umwelt" wird darauf verwiesen, daß derzeit noch oft wegen unzureichender wissenschaftlicher Kenntnisse Gefahrenpotentiale nicht erkannt oder auch überschätzt und nur bedingt richtige Sanierungsentscheidungen getroffen oder lediglich suboptimale Verfahren eingesetzt werden.

Häufig werden auch aufwendige, kaum bezahlbare Techniken gefordert oder angeboten.

Die derzeit aus Kostengründen nicht genutzten, technischen Dekontaminationskapazitäten sowie der Trend zu vermeindlich kostengünstigeren Sicherungssystemen, nicht selten ohne ausreichende Überwachung und Nachsorge, bzw. zur bloßen Umlagerung, kennzeichnen eine noch nicht optimal auf Nachhaltigkeit orientierte Altlastenpraxis.

Daraus ergeben sich außerordentliche Anforderungen an das Beprobungs- und Untersuchungsprogramm zur Ermittlung des toxikologischen Gefährdungspotentials sowie an die anschließenden technischen Maßnahmen zur Sicherung, Sanierung und Überwachung.

Insbesondere müssen effiziente, verallgemeinerungsfähige Lösungen für alle Altlastentypen geschaffen werden. Schwerpunktfelder sind hierbei die Erkundung, Bewertung, Sanierung und Nachsorge. In jedem dieser genannten Schwerpunktfelder ist noch eine erkenntnisorientierte und umsetzungsorientierte Forschung erforderlich.

Gemäß dem Programm „Forschung für die Umwelt" soll die Altlastenforschung so ausgerichtet werden, daß die Lösungen auch auf die Problemstellungen der gegenwärtig nicht vom Altlastenbegriff umschlossenen Bodenkontaminationen, z.B. aus noch betriebenen Produktionsstätten sowie aus großflächigen Bodenbelastungen, übertragen werden können.

Heute liegt das Problem vielfach nicht in der generellen technischen Machbarkeit, sondern bei den hohen Sanierungskosten. Besondere Hoffnungen auf ein Kostendämpfungspotential werden aus der bisherigen Praxis mit in situ- und biologischen Verfahren verbunden.

Der Aufwand für die Sanierung der Altlastenstandorte in Deutschland wird von verschiedener Seite (Wirtschaftministerkonferenz 1991, Sondergutachten Altlasten II 1995) mit Werten zwischen 52 bis 500 Mrd. DM je nach Art und Umfang der zumeist nutzungsbezogenen Sicherungs- und Dekontaminationsmaßnahmen beziffert.

Da die Kosten, wie viele Beispiele überdeutlich zeigen, zumeist von den Ländern oder vom Bund zu tragen sind (z.B. Ökologische Sanierung in den neuen Bundesländern) ist festzustellen, daß die Altlastenforschung auch weiterhin, zur Sicherung eines sparsamen und wirtschaftlichen Umganges mit Steuermitteln, kontinuierlich durchzuführen ist.

Was sind die wichtigsten Ergebnisse bisheriger Förderprojekte?

Im Rahmen der bisherigen Förderung wurden vorrangig solche wissenschaftlich-technischen Lösungen geschaffen, die für die

- zuverlässige Erkennung und kostengünstige Entfernung von Schadstoffen aus Böden, oder zumindest
- die Unterbrechung des Schadstofftransportweges zum Menschen, dringend benötigt werden, um u.a.
- die Grundwasservorräte nicht zu gefährden sowie wertvolles Bauland in Industriegebieten und Städten gefahrlos nutzen zu können.

So entstanden im Ergebnis der Mitte bis Ende der 80er Jahre durchgeführten Verbundvorhaben zur Sanierung der Deponien Georgswerder und Gerolsheim eine Vielzahl von Lösungen für die Immobilisierung von Schadstoffen, zur Isolierung von Schadstoffherden durch Einbau von Dichtwänden und Oberflächenabdichtungen.

Durch die vom BMBF ab 1985 geförderte Entwicklung thermischer, chemisch-physikalischer und biologischer Bodenreinigungsverfahren kann nunmehr die Bodenreinigung als marktgängige Leistung für Salze, Laugen, Säuren, Mineralöle, Lösungsmittel, Aromate und toxische Schwermetalle angeboten werden.

Mit dem von der Bundesanstalt für Geowissenschaften und Rohstoffe ab 1990 durchgeführten Verbundvorhaben „Methoden zur Erkundung und Beschreibung des Untergrundes von Deponien und Altlasten" wurden die Voraussetzungen für eine zuverlässige und kostengünstige Bestimmung der Barrierewirkung des Bodens durch geophysikalische, geochemische und hydrogeologische Verfahren geschaffen. Das Vorhaben wurde 1996 abgeschlossen. Die Ergebnisse werden als 6-bändiges Kompendium im Springer-Verlag veröffentlicht. Der erste Band ist 1995 erschienen.

Wichtige Akzente zur Vereinfachung der Gefahrenbewertungsmodelle wurden vom Berliner Institut für Wasser-Boden-Luft (WaBoLu) bei dem im Jahr 1990 realisierten Vorhaben zur Abschätzung des Gefährdungspotentials für das Grundwasser und zur Entwicklung von Methoden und Maßstäben für die standardisierte Bewertung von Altstandorten geleistet.

Um die Möglichkeiten der naturnahen Bewertung und Weiterentwicklung von kostengünstigen in-situ-Sanierungsverfahren zu verbessern, wurden die Errichtung der Großbehälter-Versuchsanlage für Grundwasser- und Altlastensanierung VEGAS an der Uni Stuttgart gefördert. Die 1995 in Betrieb genommene Versuchskapazität ist bereits nahezu ausgeplant.

In Ergänzung zu der bis 1989 weitgehend im halb- und großtechnischen Versuchsbetrieb vollzogenen Entwicklung von Bodenreinigungsverfahren war die 1990 begonnene Fördermaßnahme des BMBF „Modellhafte Sanierung von Altlasten" darauf gerichtet, die neuen Reinigungstechniken einzeln bzw. im Verbund an Ort und Stelle im rauhen Alltagsbetrieb zu erproben und zu bewerten und somit einen Impuls für die breite Nutzung der entwickelten Technik auszulösen. Weiterhin sollten Erfahrungen im Langzeitverhalten der Technik sowie aus der Nachweisführung des Sanierungszieles gewonnen werden.

Zusammenfassend ist einzuschätzen, daß die wirtschaftlichen und ökologischen Grenzen für sinnvolle Verfahrenskombinationen aufgezeigt und die Begrenztheit der oftmals nur auf die Lösung von Einzelproblemen gerichteten Vorgehensweisen bei der Altlastensanierung besser erkannt wurden.

Es wurde im Rahmen dieser Fördermaßnahme ein sehr großer Fundus an Erkenntnissen gewonnen, der weit über den ursprünglich von den Fachleuten 1990 gesehenen Umfang hinaus geht und der eine wichtige Bereicherung der Altlastenforschung und des Marktes darstellt.

Das betrifft insbesondere solche Gebiete, wie

- die Kombination von Bodenreinigungsverfahren unter Berücksichtigung vor und nachgelagerter technologischer Prozesse,

- das Projektmanagement,
- das effektive Zusammenwirken der für die Altlastensanierung nach Abfall-, Wasser-, Imissions- und Polizeirecht zuständigen Behörden (Genehmigungsprozeduren),
- die Vertrauen bildende Arbeit mit der von den Altlastensanierungsmaßnahmen betroffenen Bevölkerung,
- die Auswahl und Testung zweckentsprechender Arbeitsschutzausrüstungen,
- die Berücksichtigung humantoxikologischer Fragestellungen,
- die praxisorientierte Erprobung von Meß- und Analysemethoden für die Qualitätssicherung und Nachweisführung des Sanierungserfolges.

Von besonderer Bedeutung sind die in den 13 Forschungsvorhaben dieser Fördermaßnahme dokumentierten Möglichkeiten für kostengünstige und ökologisch ausgewogene Altlastensanierungsmaßnahmen.

Die Ergebnisse der 1998 abzuschließenden Fördermaßnahme werden in Form eines Kompendiums veröffentlicht, das den mit der Altlastensanierung befaßten Behörden und Unternehmen sowie interessierten Bürgern zur Nutzung zur Verfügung steht.

Die bisherigen Forschungsergebnisse der Altlastensanierung flossen gezielt in die methodisch-planerische Vorbereitung und technisch-technologische Durchführung von Altlastensanierungsmaßnahmen der Bundesländer ein.

Darunter befinden sich die 22 ökologischen Großprojekte (Gesamtkostenansatz 7,5 Mrd. DM) sowie die Braunkohlensanierungsmaßnahmen (Gesamtkostenansatz über 13 Mrd. DM) in den neuen Bundesländern. Aber auch zur Schaffung gesetzlicher Grundlagen auf Bundes- und Länderebene wurde beigetragen.

Wo werden in der Zukunft Förderschwerpunkte für bewohnte Altlasten gesetzt?

Trotz aller erreichter Fortschritte ist hier festzustellen, daß angesichts der hohen Zahl altlastenverdächtiger Standorte kein Grund zur Zufriedenheit besteht.

Die zum Einsatz kommenden Lösungen sind, wie bereits erwähnt, aus der Sicht des Jahres 2000 zu teuer und stehen oftmals noch nicht im Verhältnis zu ihrem ökologischen und ökonomischen Nutzen.

Sie berücksichtigen nur teilweise die mit der Altlastensanierung verbundenen vielfach komplexen ökologischen, ökotoxikologischen, soziologischen und ökonomischen Fragestellungen.

Ergebnisse von repräsentativen Langzeitbewertungen liegen bisher nicht vor. Es ist daher notwendig, mit verantwortbaren, innovativen und insbesondere bezahlbaren Methoden, Instrumenten und Strukturen den – im wörtlichen Sinne – "Boden" für eine nachhaltig zukunftsverträgliche Entwicklung in Deutschland zu bereiten.

Forschungsnotwendigkeiten bestehen u.a. vordringlich bei der

- Entwicklung, Erprobung und Normierung effektiver stoff-, standort- und nutzungsorientierter Probenahme- und Analyseverfahren resp. -strategien einschließlich der notwendigen statistischen Methoden sowie der erforderlichen Qualitätssicherung,
- Entwicklung und Erprobung leistungsfähiger Biosensoren, die als biotechnologische Testbatterien kombiniert über die Einzelstoffanalytik hinausgehend ökologische Wirkpotentiale abbilden können,
- Weiterentwicklung beprobungsloser Erkundungsverfahren,
- mathemathische Modellierung und Verifizierung des räumlichen und zeitlichen Verhaltens von Schadstoffen in realen Böden und Grundwasserleitern,
- Weiterentwicklung, Erprobung und Umsetzung von Methoden und Verfahren zur Quantifizierung der Bioverfügbarkeit von Stoffen und Stoffgemischen in unterschiedlichen Bodenmatrizes,
- Gefahrenbewertung durch eine fundiertere quantitative Abbildung konkreter Wirkungen der Schadstoffe, wozu insbesondere die human- und ökotoxikologische Forschung vertieft werden muß,
- verfahrenstechnischen Innovation und Optimierung für in situ- und ex situ-Dekontaminationsverfahren sowie Verfahrenskombinationen (mechanisch, biologisch, chemisch, elektrokinetisch, thermisch), insbesondere im Hinblick auf die Nachsorge
- Integration und Standardisierung von Methoden und Verfahren der Qualitätssicherung in der Verfahrenstechnik
- Schaffung kostengünstigerer Sicherungsverfahren, die alternativ, ergänzend oder vorgeschaltet die Exposition des Menschen oder anderer Schutzgüter verhindern
- Ausarbeitung von Lösungen für ein leistungsfähigeres ziel- und kostenorientiertes Sanierungsmanagement, das die Sanierung stärker als eine Systemaufgabe behandelt (Sanierungsuntersuchung, Sanierungsplanung, Sanierungsdurchführung, Sanierungsbilanzierung, Genehmigung, Arbeitsschutz, Öffentlichkeitsarbeit)

Wo Altlasten überbaut sind oder sich in der direkten Umgebung von Wohnbebauung befinden, resultieren aus der Altlastenproblematik nicht nur technische oder naturwissenschaftliche Fragestellungen, sondern auch sozialwissenschaftliche Aufgaben.

Erforderlich sind Strategien und Methoden zum konstruktiven gesellschaftlichen Dialog über die vorgesehene Sanierungsmaßnahme und über das verbleibende Restrisiko.

Um im direkten Austausch mit den Betroffenen, über die Vermittlung eines gegenseitigen Verständnisses, eine sinnvolle, vertretbare und zweckmäßige Problemlösung zu finden, müssen die Probleme verständlich dargelegt werden.

Vor allem die Irritationen und Ängste, die durch unterschiedliche Bewertungen hervorgerufen werden, sollten künftig durch Anwendung einheitlicher Maßstäbe vermieden werden.

Wieviel Mittel werden in Zukunft dem Bund für Forschung zum Thema Sanierung bewohnter Altlasten zur Verfügung stehen?

Die Bundesregierung fördert die Altlastenforschung zielgerichtet seit Anfang der 80er Jahre, als sich die Altlastenproblematik abzuzeichnen begann.

In diesem Zeitraum wurden durch das BMBF sowie das BMU über 300 Vorhaben der Sanierungsforschung mit einem anteiligem Fördervolumen von fast 500 Mio. DM finanziell unterstützt.

Da die Altlastenforschung ebenfalls im neuen Programm der Bundesregierung „Forschung für die Umwelt" ein wichtiger Schwerpunkt ist, kann davon ausgegangen werden, daß für interessante Lösungsvorschläge mit hohem Innovationsgehalt und Modellcharakter auch weiterhin ausreichende Fördermittel zur Verfügung stehen werden.

Dabei ist zu berücksichtigen, daß die Fördermittel u.a. in Abstimmung mit den für die Altlastensanierung zuständigen Bundesländern vergeben werden. Durch diese Abstimmung soll die Konzentration der Steuermittel auf die Erarbeitung von solchen neuen Lösungen sichergestellt werden, für die ein großer Bedarf besteht.

Das BMBF fördert Forschungsvorhaben des Gewerbes mit einem Anteil von 25 bis 50 % der Gesamtkosten (in den neuen Bundesländern wird gegenwärtig noch ein Zuschlag von bis zu 10 % gewährt), sowie von öffentlichen Einrichtungen (Hochschulen, Universitäten, Ämtern) mit einem Anteil von bis zu 100 % der Ausgaben für die Durchführung des Vorhabens. Es besteht kein Anspruch auf Fördermittel.

Vorgehensweise und Erfahrungen bei der modellhaften Sanierung des Rüstungsaltstandortes Stadtallendorf

CHRISTIAN WEINGRAN

Charakterisierung des Standortes

In Stadtallendorf (Landkreis Marburg-Biedenkopf) befanden sich bis zum Ende des Zweiten Weltkrieges Sprengstoff (TNT)-Produktionsanlagen der Firmen Dynamit AG (DAG) und WASAG.

Historie

Im Zuge des nationalsozialistischen Rüstungsprogramms bestimmte das Oberkommando der Wehrmacht 1938 einen Teil des Herrenwaldes südlich der kleinbäuerlichen Ortschaft Allendorf im Landkreis Marburg-Biedenkopf als Standort für zwei Sprengstoffwerke:

Das Werk Allendorf, geplant und gebaut von der Dynamit AG (DAG, zu 61 % I.G. Farben) und wurde betrieben von einer Tochter der DAG, der Verwertchemie. Bauherr und Eigentümer des Werkes war die reichseigene Gesellschaft Montan Industrie GmbH.

Das Werk Herrenwald plante und baute die Westfälisch-Anhaltische Sprengstoff-AG (WASAG, ebenfalls mehrheitlich I.G. Farben) auf Kosten der Kriegsmarine, von der sie fertiggestellte Anlagen für die Produktion pachtete.

Nach 1938 entstand in Allendorf die größte TNT-Produktionsstätte der deutschen Rüstungsproduktion. In der DAG wurden bis zur Stillegung des Werkes am 27.3.1945 ca. 130.000 Tonnen Roh-Trinitrotoluol (TNT) produziert und zur Bomben- und Granatenfüllung verarbeitet. Im Werk Herrenwald wurden ca. 100.000 Tonnen Sprengstoff abgefüllt.

Beide Werksgelände umfassen jeweils ca. 400 ha. In der DAG wurden für die Produktion insgesamt 430 massive, zu Tarnzwecken mit bepflanzten Dächern versehene Gebäude und Hallen errichtet. Darüber hinaus existierten ca. 60 km innerbetriebliche Abwasseranlagen und ein 24 km langer Abwasserkanal zur Lahn für die täglich bis zu 6000 m³ hochgiftiger Abwässer.

Von 1945 – 1948 wurden Teile der Anlage dieser ehemaligen Sprengstoffabrik zur Delaborierung von Munition aus deutschen und amerikanischen Beständen genutzt. Es wurden mehr als 17.000 Tonnen Munition delaboriert, zerlegt und gesprengt. Die technischen Anlagen wurden demontiert und ca. 30 % der Gebäude im Rahmen der anschließenden Demontage durch Sprengung zerstört.

Mit Freigabe des DAG-Werksgeländes erfolgte rasch eine Besiedelung und Umnutzung ehemaliger Produktionsgebäude, zunächst durch Gewerbebetriebe und zu einem späteren Zeitpunkt durch privaten Wohnungsbau.

Das DAG-Gebiet weist heute eine ausgeprägte Gemengelage zwischen Wohnen und Gewerbe/Industrie auf. Als Gewerbe- und Industriestandort hat das DAG-Gebiet überregionale Bedeutung. Darüber hinaus sind auch bewaldete oder brachliegende Trümmergrundstücke anzutreffen. Heute leben mehr als 4000 der 21.000 Einwohner von Stadtallendorf auf Grundstücken, die ehemals der Sprengstoffproduktion dienten, mehr als 8000 Menschen arbeiten in Betrieben, die auf derartigen Flächen entstanden.

Das aktuelle Straßen- und Wegenetz entspricht weitgehend den 25 km ehemaliger Straßen und Fahrwege.

Annähernd 50 % des ehemaligen betrieblichen Abwassersystems werden für die öffentliche Kanalisation genutzt. Die vorhandene Infrastruktur der Wasserwerke der DAG wurde in die regionale Trinkwasserversorgung integriert. Jährlich werden ca. 11 Mio. m^3 durch das Wasserwerk Stadtallendorf bereitgestellt.

Boden und Grundwasser sind aufgrund der Produktion und durch Abbruch-, Demontage- und Bauarbeiten nach dem Kriege verunreinigt. Die HIM-ASG hat das Projekt zum 1.1.1993 übernommen.

Standortprofil

Der Standort wird intensiv genutzt: ca. ein Viertel der 21.000 Einwohner Stadtallendorfs wohnen auf Grundstücken, die ehemals der Sprengstoffproduktion dienten, ca. 8000 Menschen arbeiten dort in Klein- und Großbetrieben. Die Stadt ist ein industrielles Zentrum von Bedeutung für die Region. Das Wasserwerk Stadtallendorf versorgt mit 12 Mio. m3 die Region bis Gießen.

- hoher Ausländeranteil
- hoher Flüchtlingsanteil
- Bundeswehrstandort
- Gewerbe- und Industriestruktur
- Gewerbesteueraufkommen 1998: 67,5 Mio. DM (Hebesatz von 295 Prozentpunkten)

Situationsbeschreibung

Nach systematischen Untersuchungen von Boden und Grundwasser und einer standortbezogenen Gefährdungsabschätzung wurde 1996 die erste Sanierung einer Testfläche durchgeführt. Ca. 10.000 t Böden aus dieser Maßnahme sind zu entsorgen bzw. zu verwerten. 1997 wurde die Sanierung eines ersten ca. 3,8 ha umfassenden bewohnten Sanierungsteilraums mit ca. 14.000 m^3 zu bewegenden Bodenmassen weitgehend abgeschlossen.

In den nächsten Jahren erfolgt die Bodensanierung nacheinander in weiteren Teilräumen. Der Abschluß der Gesamtmaßnahme ist nicht vor 2005 zu erwarten.

Für die technische Bodenbehandlung der bis zu 100.000 t behandlungsbedürftigen Böden wurden unterschiedliche Verfahren getestet. Niedrige Kosten, hohe

Leistungsfähigkeit und Flexibilität sind in einer bestehenden, stationären thermischen Anlage optimal gewährleistet. Die Behandlung einer ersten Charge von ca. 15.000 t erfolgte 1997 in Deutzen bei Leipzig.

Das 60 km umfassende Kanalnetz der DAG wird zu ca. 50 % öffentlich genutzt. In den ungenutzten Abschnitten wurde 1996 eine exemplarische Erkundung durchgeführt. Dabei wurden ca. 1,5 km Kanal nach einer kamerabeobachteten Probenahme mit Hochdruckspülung gereinigt und ca. 800 kg Sprengstoff entfernt. 1997 wurde die Erkundung und Sanierung im ersten Sanierungsteilraum fortgesetzt.

Das Grundwasser wird in Stadtallendorf so weit gesichert, daß weiterhin Trinkwasser bereitgestellt werden kann. Da die Schadstoffe im Boden nicht vollständig beseitigt werden können, wird eine langfristige hydraulische Sicherung erforderlich, die aus einem in Betrieb befindlichen Aufbereitungswasserwerk und 3 Abschöpfbrunnen besteht, die über eine Sammelleitung untereinander verbunden sind. 1997 wurden 2 weitere Brunnen abgeteuft und der Anschluß eines zusätzlichen Abschöpfbrunnens vorgenommen. 1997 wurden ca. 310.000 m^3 gefördert.

Ziele des MOSAL-Vorhabens

Im Rahmen der Forschungsreihe „Modellhafte Sanierung von Altlasten (MOSAL)" fördert das Bundesministerium für Bildung und Forschung (BMBF) seit 1990 die Sanierung des Rüstungsaltstandortes Stadtallendorf.

Gegenstand des Vorhabens ist in einer 2. Phase seit 1996 der vollständige Prozeß der Planung und Umsetzung der Sanierung eines Teilraumes, und damit sowohl die städte- und sanierungsplanerischen, als auch die technischen und administrativen Aspekte. Es handelt sich dabei um einen Bereich, der als Standort für TNT-Produktion und Abwasseranlagen diente und punktuell hohe Kontaminationen aufweist. Die vorherrschende Nutzung ist Wohnen.

Der Teilraum ist nahezu vollständig erkundet, die flurstücksbezogenen Dokumentationen sind den Grundstückseigentümern zugegangen, die behördliche Altlastenfeststellung ist erfolgt. Die im Rahmen des Vorhabens umzusetzenden Maßnahmen werden 1999 abgeschlossen.

Gegenstand des Vorhabens ist neben der Planung und Umsetzung der Bodensanierung (Bodenbehandlung, Auskoffern und (Wieder-) Einbau von Boden), die Sanierung kontaminierter Haltungen der ehem. Abwasserkanalisation der DAG sowie Maßnahmen zur hydraulischen Sicherung des zur Sanierung vorgesehenen Teilraumes.

Oberziel der Modellhaften Sanierung ist die erfolgreiche, d.h. die ökonomisch effiziente, ökologisch wirksame und sozialverträgliche Durchführung einer nutzungsbezogenen Sanierung auf dem Rüstungsaltstandort Stadtallendorf.

Modellhaft ist die vorgesehene Sanierung insbesondere, weil sie erstmalig die Sanierung einer großflächigen (ca. 420 ha), intensiv für Wohnen und gewerblich-industrielle Zwecke genutzten Rüstungsaltlast in Deutschland zum Ziel hat.

Die *ökonomische Effizienz* der Sanierungsmaßnahme soll durch eine der örtlichen Gefährdungssituation und der heutigen bzw. zukünftigen Nutzung angepaßte Sanierungskonzeption erreicht werden. Grundlage hierfür sind die vorliegende nutzungsbezogene Gesamt-Gefährdungsabschätzung sowie der von der Stadt Stadtallendorf derzeit entwickelte städtebauliche Rahmenplan.

Die *ökologische Wirksamkeit* der Sanierungsmaßnahme wird durch eine Bilanzierung von ökologischen Entlastungen (z.B. Schadstoffentfrachtung des Bodens, Minderung weiteren Schadstoffeintrages ins Grundwasser, Reinigung von Grundwasser im Rahmen der hydraulischen Sicherung, Schutz der Trinkwassergewinnung vor Schadstoffzufluß durch hydraulische Sicherung) und sanierungsbedingten Belastungen (z.B. Lärm, Staub, Eingriffe in Grünbereiche, Energieeinsatz) geprüft werden.

Eng verknüpft mit der Beurteilung der ökologischen Wirksamkeit ist die Beurteilung der *Umweltverträglichkeit* der Sanierungsmaßnahme.

Zur Sozialverträglichkeit der Sanierung gehören:

- eine Information und Beratung der betroffenen Eigentümer und Nutzer hinsichtlich der Gefährdungssituation und der Notwendigkeit von Sanierungsmaßnahmen
- (BürgerBeteiligungsBüro),
- die Einbeziehung der Betroffenen in die Sanierungsvorbereitung und -durchführung über den Projektbeirat,
- die Abstimmung (und vertragliche Fixierung) von Art, Umfang, Zeitpunkt und Dauer von Sanierungsmaßnahmen auf den Grundstücken,
- die Klärung der Kostenübernahme für die Sanierungsmaßnahme.

Zu den Zielen des MOSAL-Vorhabens gehört auch die Entwicklung bzw. der Einsatz von methodischen Instrumentarien zur organisatorischen, planerischen und praktischen Abwicklung der Sanierungsmaßnahmen sowie deren Verknüpfung mit der parallel laufenden bauleitplanerischen Bearbeitung. Die methodischen Instrumentarien sind unter Anpassung auf lokalspezifische Gegebenheiten in ihren wesentlichen Teilen auch auf ähnliche Altlastenfälle übertragbar.

Projektmanagement

Die Sanierung von bewohnten Altlasten wird von einer Vielzahl unterschiedlicher Arbeitsfelder beeinflusst und bestimmt, die sich wiederum untereinander beeinflussen bzw. voneinander abhängig sind.

Wesentliche Arbeitsfelder sind in diesem Zusammenhang:

- Boden/Bodennutzung
- Wasser/Wassernutzung
- Kanal/Bauwerke
- Stadtplanung/Grünnutzung
- Bodenmanagement/Entsorgung/Verwertung

Altlastensanierung stellt sich als zunehmend komplexer Aufgabenbereich dar. Dies ergibt sich zum einen aus dem inhaltlichen Umfang und den damit verbundenen Problemen der Interdisziplinarität, der Vielzahl berührter Interessen zum anderen aus der Notwendigkeit mit Unsicherheiten und Risiken umzugehen, die aus Erkenntnisdefiziten, dem Fehlen verbindlicher Konventionen, standortspezifischen Unwägbarkeiten und dem oft experimentellen Charakter des Vorgehens und der Maßnahmen entstehen.

Daraus ergibt sich die Erfordernis eines Zusammenwirkens von Auftragnehmern unterschiedlicher Fachdisziplinen, von Behörden, die für unterschiedliche Sachverhalte zuständig sind, von lokalen Verwaltungen und anderen Trägern öffentlicher Belange.

Für viele Fragestellungen besteht zudem noch Forschungsbedarf (Toxikologie) für andere gibt es nach Größe, Stoffspezifik und Komplexität keine Vorbilder und Handlungsmuster. Hier bewegt man sich auf der Ebene von Experimenten und Tests.

Die Komplexität von Altlastensanierung erfordert ein strukturiertes und zielorientiertes Handeln. Dazu sind insbesondere zu rechnen:

Systematische Planung

Zu Beginn eines Projektes sind bei relativ geringen Arbeitskosten große Entscheidungsspielräume für zukünftige kostenträchtige Maßnahmen vorhanden.

Zu diesem Zeitpunkt sind mit allen Beteiligten Projektziele zu erarbeiten sowie dabei festgestellte Zielkonflikte aufzuzeigen. Dazu ist eine strukturierte Abfrage von Fakten, Zielen und Konzepten sowie von Konflikten, Voraussetzungen und Aufgaben erforderlich. (Projektstrukturplanung)

Zeit- und Ablaufplanung sind zu erarbeiten, ein effektives Controlling-System aufzubauen.

Die Entwicklung einer konkreten Zielperspektive (Vision), die für Prozeßbeteiligte und Betroffene nachvollziehbar ist, mit der positive Veränderungen der Situation verbunden werden können, ist bereits zu einem sehr frühen Zeitpunkt wichtig.

Systematische Abwicklung

Die Komplexität der Aufgabenstellung erfordert die Erarbeitung transparenter und nachvollziehbarer Ablaufstrukturen sowie das Aufzeigen wesentlicher Schnittstellen zu allen Beteiligten. Das Gesamtproblem ist in logisch bearbeitbare Teilprobleme zu zerlegen.

Die Reihenfolge der aufeinander aufbauenden Arbeitsschritte ist einzuhalten, Abweichungen sind zu begründen und zu dokumentieren.

Wechselwirkungen unterschiedlicher Arbeitsfelder

Die unterschiedlichen Arbeitsfelder sind sowohl auf der fachlich-inhaltlichen Ebene als auch auf der Entscheidungsebene vielfach und eng miteinander vernetzt. Es sind Strukturen vorzusehen, die eine Verknüpfung der Teil-Ergebnisse innerhalb einzelner Arbeitsfelder nach jedem Planungs- bzw. Teilschritt in einem Rückkopplungs- und Abstimmungsprozeß ermöglichen.

Ohne einen zwischen den Arbeitsfeldern abgestimmten gleichlaufenden Bearbeitungsprozeß können z.B. Sachzwänge und erhebliche zusätzliche Kosten und zusätzliche verfahrensbezogene Probleme entstehen.

Im Prozeß sind Möglichkeiten zur Rückkopplung so vorzusehen, daß die Revision von Entscheidungen, die Reformulierung und Aktualisierung von Zielen möglich sind.

Insbesondere sind für den iterativen und interaktiven Prozeß der Sanierungs- und Nutzungs-(Bauleit-)Planung geeignete Instrumente zu entwickeln. Die Kopplung von Maßnahmen der Altlastensanierung mit anderen Programmen (Arbeitsförderung, Wirtschaftsförderung, Stadtsanierung, Naturschutz) ist anzustreben.

Koordination und Kommunikation

Koordination als Steuerung der Kooperation ist eine wesentliche Aufgabe zur Abstimmung der Mittel und der Einzelinteressen aller am Prozeß Beteiligten.

Kommunikation als Aufbau von Informationsstrukturen und zur Aufrechterhaltung von funktionierenden Informationswegen ermöglicht den Zugang aller Prozeßbeteiligten zu Informationen und ist Voraussetzung für die Schaffung einer ausgeglichenen Informationsbasis für alle. Dazu ist ein Projektinformationssystem aufzubauen, das regelt, wer wann/wie oft welche Information erhält.

Entscheidungsstrukturen

Entscheidungsstrukturen (projektintern) sind so zu entwickeln, daß eindeutige Festlegungen dazu getroffen werden wer? was? wann? entscheidet und welche Funktionen, Kompetenzen und Aufgaben die verschiedenen Prozeßbeteiligten haben. Für die Entscheidungsfindung sind auf unterschiedlichen Ebenen geeignete Strukturen zu schaffen (Beirat, Projektteam, Arbeitskreis). Gegenüber den Bewohnern sind Verantwortlichkeiten und Aufgabenverteilung zu verdeutlichen.

Langfristige Absicherung der Finanzierung

Bei Projekten von der Größenordnung der Rüstungsstandorte (ca. 400 ha) wird man mit Bearbeitungszeiträumen von ca. 10 Jahren und mehr rechnen müssen.

Eine gezielte Planung und effektive Umsetzung läßt sich nur gewährleisten, wenn über den vorgesehenen Projektzeitraum eine abgesicherte Finanzierung gewährleistet werden kann. Ein realitätsbezogener Kostenrahmen vermeidet falsche Erwartungen (u.a. bei der Öffentlichkeit, was Akzeptanzprobleme vermeidet).

Projektmanagement und bewohnte Altlasten

Problemfeld bewohnte Altlasten

Die Wahrnehmung der vorgenannten Aufgaben, die wesentliche Aspekte des Projektmanagements beschreiben, liegt für die hessischen Rüstungsaltstandorte Stadtallendorf und Hessisch Lichtenau zum einen beim Land Hessen, vertreten durch die zuständigen Regierungspräsidien bzw. Staatlichen Umweltämter als Auftraggeber und der HIM-ASG als Sanierungsträger für die gewerbliche Altlastensanierung.

Das zentrale, strategisch ausgerichtete *Projektmangement (PM)*, das inhaltliche, kosten- und zeitbezogene Ziele entwickelt und vorgibt und ihre Einhaltung kontrolliert bzw. ihre Anpassung und Weiterentwicklung steuert, ist als originäre Aufgabe des Auftraggebers, bei den Regierungspräsidien angesiedelt. Sie bedienen sich zur Erledigung der HIM-ASG.

Daneben ist die HIM-ASG als *Projektsteuerer* auf das operative Controlling (Inhalt/Qualität, Zeit und Kosten) von Maßnahmen konzentriert.

Die Tatsache, daß Menschen auf den Altlasten leben, fügt dem komplexen Geschehen ein weiteres, bestimmendes Problemfeld hinzu.

Die Ankündigung, erst recht die Durchführung von Altlasten-Sanierung bedeutet für die Betroffenen einen massiven Eingriff, der sich auf viele Bereiche auswirkt, wie z.B.:

- Zugänglichkeit des Grundstücks,
- Einschränkungen der Nutzung des Grundstücks (ganz oder teilweise, für bestimmte Personengruppen oder Nutzungen),
- Kauf, Verkauf, Beleihbarkeit,

Betroffenheit besteht auf mehreren Ebenen:

- gesundheitlich
- psychisch
- physisch
- ökonomisch
- rechtlich

Darüber hinaus ist mit Unsicherheit und Risiken umzugehen, insbesondere bezüglich der gesundheitlichen Gefährdung. Toxikologische Expertisen müssen nachvollzogen, die Bedeutung für die eigene Situation muß erkannt und ein Umgang mit den Erkenntnissen gefunden werden. Unsicherheiten entstehen aber auch aus vorab nicht erkundbaren Unwägbarkeiten, die Vergrößerungen und Vertiefungen von Baugruben und damit eine Verzögerung von Maßnahmen zur Folge haben.

Die Sorgen und Ängste der Betroffenen können nicht übergangen werden, sie sind ernst zu nehmen. Nach zahlreichen negativen und weniger positiven Erfahrungen ist klar, daß dies eine wichtige Voraussetzung für eine positive Entwicklung ist. Damit unterscheidet sich Sanierung von bewohnten Altlasten ganz erheblich von Altlasten / Brachflächensanierungen, die ein bewohntes Umfeld haben können, aber keine Bewohner haben. Auch mit traditionellen Bauprojekten lassen sie sich nicht vergleichen. Eine technisch-ökonomisch-ökologische Fragestellung erhält eine soziale Komponente.

Bewohnte Altlasten oder genauer gesagt, der nicht angemessene Umgang, daran sei erinnert, haben in der Vergangenheit wesentliche „Impulse" für die Altlastensanierung gebracht. Es sei erinnert an Love Canal in den USA, Lekkerkerk in den NL und Dortmund-Dorstfeld in der BRD.

Ein anderer Aspekt sollte allerdings nicht vernachlässigt werden: Die Veranlassung für die Altlasten-Sanierung ist für Betroffene vielfach nur mittelbar nachvollziehbar. Anders als z.B. bei einer städtebaulichen Sanierung, wo Mißstände offensichtlich und positive Veränderungen absehbar sind. Altlast-Sanierung ist ein Eingriff, der nach dem Abschluß möglichst nicht mehr sichtbar sein sollte. Das ist auch politisch wenig erfolgversprechend darzustellen. Es wird daher ein mehr an Überzeugungsarbeit erforderlich, Erfolg setzt in diesem Zusammenhang Vertrauen voraus. Und die Notwendigkeit eine positive Zukunfts-Vision zu vermitteln, Vorteile, die sich mit der Sanierung verbinden können, darzustellen oder zielgerichtet zu entwickeln, z.B. durch Kombination mit Flächenrecycling, Strukturförderung oder städtebaulicher Aufwertung und Verbesserung der Infrastruktur.

Projektvorbereitung

Das PM entwickelt in der Phase der Projektvorbereitung und -planung die wesentlichen Strukturen für den Aufbau und den Ablauf des Projektes, die weit über die administrativ-technischen Aspekte hinausgehen:

- Die Sanierung muß „auf den Weg gebracht werden".
- Es muß eine Vorstellung entwickelt und in unterschiedlichsten Bereichen und bei den verschiedensten Akteuren verankert werden, was Sanierung heißt, welche Risiken damit verbunden sind, welche Möglichkeiten darinstecken.
- Dem Projekt eine angemessene Dimension geben um zu vermeiden, daß es wg. eines nicht lösbaren Problemumfangs von vornherein scheitert.
- Widerstände müssen überwunden werden.

Nachfolgend werden insbesondere die Gesichtspunkte dargestellt, die sich aus der Tatsache ergeben, daß es sich um bewohnte Standorte handelt.

Rolle, Funktion und Ziele der Betroffenen identifizieren

- Standortinformationen (Geschichte, Entwicklung, Sozialstruktur) recherchieren
- Kreis der Betroffenen ermitteln (auch das unmittelbare Umfeld einbeziehen)
- vorhandene (formelle/informelle) Strukturen ermitteln (Vereine, Parteien, Kirchen, Schulen, etc.)
- strukturierte Abfrage von Zielen
- Herausarbeiten von Zielkonflikten (z.B. industrielle Entwicklung / Grundwassernutzung)

Entscheidungsstrukturen

Beim Aufbau der Projektorganisation sind Strukturen zu entwickeln, die eine Mitwirkung von Betroffenen (bzw. ihrer Vertreter) an der Vorbereitung von Entscheidungen im Sanierungsprozeß ermöglichen. (Bürgerbeteiligung)

Neben den Entscheidungsstrukturen sind transparente, nachvollziehbare Entscheidungskriterien (warum wird wie entschieden?) zu entwickeln und zu dokumentieren. (Beispiel: Sanierungstechnik und Bilanzierung)

Bei der Bürgerbeteiligung verfolgt die HIM-ASG folgende Ziele:

- Berücksichtigung aller betroffenen Interessen
- Unterstützung von Betroffenen bei der Artikulation von Interessen
- Transparenz von Entscheidungen
- Zugänglichkeit aller projektbezogenen Informationen
- Konsenslösungen, dialogorientiertes Vorgehen, Kooperation

Die Intensität von Mitwirkung/Entscheidungskompetenz (Empfehlung, Veto) ist klar und eindeutig zu vereinbaren. Wechselnde Positionen schaffen in diesem Zusammenhang Mißtrauen und Unsicherheit.

Strukturen und Abläufe müssen die Möglichkeiten von in der Regel ehrenamtlich tätigen Personen (Dauer, Häufigkeit und Zeitpunkt von Sitzungen) und des Zugangs zu Fachkenntnissen berücksichtigen. Bei Hindernissen bzw. Defiziten sollte über Aufwandsentschädigungen oder einen finanzierten Fachbeistand nach Wahl der Betroffenen nachgedacht werden. (Betroffene werden im übrigen schnell zu Experten für ihren Standort)

- *Grundsatzentscheidungen*
  Für die Diskussion von Sachverhalten mit grundsätzlicher Bedeutung für den Gesamtstandort (z.B. Sanierungskonzeption, Sanierungsvereinbarung, Prioritäten) sind Vertretungsorgane der Betroffenen sinnvoll. Voraussetzung ist die mehrheitliche Akzeptanz der gewählten Form des Gremiums (Projektbeirat, Interessengemeinschaft, Einzelpersonen) und der handelnden Akteure bei den Betroffenen. Die Zusammensetzung ist von der projektspezifischen Situation abhängig.
  Ihnen ist ein umfassender Zugang zu Projektinformationen zu gewähren. Die Kompetenzen (Entscheidungen, Empfehlungen) und der Katalog von Beratungsgegenständen sind abzustimmen.
  Eine wesentliche Funktion erfüllt in diesem Zusammenhang das BürgerBeteiligungsBüro (BBB), das von der HIM-ASG und der Stadt Stadtallendorf getragen wird, vom Land Hessen finanziert wird und als Aufgaben die Vermittlung von Informationen (von und zu den Betroffenen) und die Unterstützung der Betroffenen bei der Artikulation ihrer Interessen hat. Darüber hinaus spielt es eine wichtige Rolle bei der Abfassung der Sanierungsvereinbarungen. Das BBB agiert unabhängig von Weisungen der Stadt und der HIM-ASG. Es hat Zugang zu allen Informationen und Sitzungen.
  Bei den hessischen Rüstungsaltlasten werden die Projektbeiräte insbesondere in die strategische Entscheidungsfindung des Landes einbezogen. Die Projektbeiräte sind seit 1996 im hessischen Altlastengesetz vorgesehen.

- *Detailentscheidungen*
  Die Erörterung von teilraum- oder flurstückbezogenen Fragestellungen erfolgt in Info-Veranstaltungen für Kleingruppen oder aber in Einzelgesprächen. Dazu werden im Einzelfall Mitglieder der Gremien hinzugezogen bzw. zur Rückversicherung angefragt, das BBB berät vertraulich. Die Kontinuität von Ansprechpartnern ist vorteilhaft.
  Bei den hessischen Rüstungsaltlasten wird die HIM-ASG vom BBB bei der operativen Projektsteuerung (insbesondere sanierungsbegleitend) unterstützt.

- *Ablauf von Planungsprozessen*
  Planungsprozesse (für Erkundungs- und Sanierungsmaßnahmen) werden so gestaltet, daß eine Mitwirkung Betroffener und die Berücksichtigung ihrer Interessen auch praktisch möglich ist. Das setzt umfassende Information und das Aufzeigen von unterschiedlichen Varianten voraus. Die Hinweise von Betroffenen werden aufgenommen, auf ihre Machbarkeit hin geprüft, und, soweit diese gegeben ist, berücksichtigt. Eine Ablehnung ist zu begründen.

Die Prozesse erfordern Verlässlichkeit/Planbarkeit/Absehbarkeit, die abschließende Klärung von grundsätzlichen Fragestellungen vor dem Einstieg (möglichst keine Einzelfallentscheidungen), sie vertragen wenige Verzögerungen, keine Schwenks, keinen Wechsel von Entscheidungsgrundlagen.

Kommunikationsstrukturen und Informationsweitergabe

Kommunikation findet auf unterschiedlichen Ebenen zwischen den Projektbeteiligten statt.

- *projektintern (Regierungspräsidium/HIM-ASG)*
  Projektstatus/Startgespräche
  Kleiner ArbeitsKreis
  BAK

- *Regierungspräsidium – Bürger und umgekehrt*
  Anschreiben
  Bescheide
  Bürgerinfos

- *HIM-ASG – Bürger und umgekehrt*
  Broschüren
  Bürgerinfos
  Info-Veranstaltungen
  Schautafeln
  Bürgerbrief

- *Regierungspräsidium/HIM-ASG mit Öffentlichkeit*
  Bürgerbrief
  Tag der offenen Tür

Zur Abstimmung zwischen den Projektbeteiligten gibt es folgende Gremien:

- Im Kleinen Arbeitskreis arbeiten die HIM-ASG, das Regierungspräsidium Gießen, die Stadt Stadtallendorf und das BürgerBeteiligungsBüro zusammen, um geplante Maßnahmen abzustimmen und zu koordinieren.
- Die Komplexität des Sanierungsprojektes erfordert eine Strukturierung in unterschiedliche Aufgaben. Bezogen auf Arbeitsfelder oder Teilprojekte werden Start- und Statusgespräche durchgeführt, in denen Ziele und Abläufe festgelegt, überprüft und ggfs. angepaßt werden. Dazu werden projektbezogene Arbeitsgruppen gebildet. Daran nehmen HIM-ASG, das Regierungspräsidium Gießen und nach Bedarf auch weitere Personen bzw. Einrichtungen teil. Diese Gruppe tritt projekt- und problemabhängig zusammen und koordiniert Aktivitäten zwischen den Beteiligten.
- Ein Behördenarbeitskreis (BAK) hat die Aufgabe, behördliche Entscheidungen im Zusammenhang mit der Sanierung abzustimmen.

Die nachfolgenden Darstellungen beziehen sich insbesondere auf die Kommunikation mit betroffenen Grundstückseigentümern, Nutzern, Bewohnern, der interessierten Öffentlichkeit und Multiplikatoren.

Es wird aktiv, frühzeitig, umfassend, kontinuierlich und zielguppenorientiert informiert. Ziele sind der Aufbau von Vertrauen, die Kompetenz bei den Betroffenen und die Akzeptanz der geplanten Aktivitäten.

Kommunikationsstrukturen wurden entwickelt, die eine Weiterleitung von Informationen sicherstellen, Foren für den Austausch und die Diskussion von Informationen und Meinungen beinhalten (Projektbeirat, Info-Veranstaltungen zu spezifischen Themen und Bürgersprechstunden) und Ansprechpartner in den unterschiedlichen Bereichen/für unterschiedliche Zwecke vorsehen (BBB, Bauleitung, Projektleiter). Dabei wurden projektspezifische Bedingungen berücksichtigt und bestehende Strukturen genutzt.

Es wurden Instrumente entwickelt, die den Betroffenen/ihren Vertretern in den unterschiedlichen Projektphasen den Zugang zu Informationen ermöglichen (Archiv BBB, FlurDoku, Bürgerinfos) und sie bei der Artikulation ihrer Interessen unterstützen (Beratung durch BBB, Sanierungsvereinbarung)

Als Instrumente kommen zum Einsatz:

- Bürgerbrief an Multiplikatoren
- Entwicklung von Instrumenten für Öffentlichkeitsarbeit
- Bürger-Info
- Broschüren
- Pressemitteilungen/Hintergrundinformationen
- Info-Veranstaltungen
- Tag der offenen Tür

Die bisher gemachten Erfahrungen zeigen, daß der Aufbau von stabilen Strukturen und einer Vertrauensbasis, vorzugsweise in der (relativ einfachen) Vorbereitungs- und Erkundungsphase von Bedeutung ist. Die unterschiedlichen Aufgaben und Verantwortungen der Akteure sind zu verankern. Die Strukturen sind an den Bedarf in den jeweiligen Phasen anpassen.

Maßnahmenbezogene Vorgehensweise

- Information zur Erkundung (bzw. entsprechenden Arbeitsschritten)
- Mitteilung der Erkundungsergebnisse (FlurDoku)
- Info-Veranstaltung zur Vorbereitung Sanierungsplan
- Erörterung von Einwendungen im Genehmigungsverfahren
- Info-Veranstaltung zur Erläuterung des genehmigten Sanierungsplans
- Gespräche zur Vorbereitung von Sanierungsvereinbarungen
- Information und Aufnahme von Hinweisen begleitend zur Sanierung
- Information zum Sanierungserfolg

Projektdurchführung

Projektvorbereitung und -durchführung unterscheiden sich im Charakter ganz erheblich: es erfolgt der Übergang von der Ebene Gesamtstandort zum Einzelgrundstück, von den theoretischen Auseinandersetzungen zu den praktischen, konkreten Problemen, die auf den Grundstücken zu lösen sind und damit auch ein Wechsel der Akteure.

In der Phase der Projektdurchführung gehört zu den Aufgaben des PM neben Arbeitsfeldern, wie z.B. Vertrags- und Vergabemanagement, Dokumentation etc. auch das *strategisch-inhaltliche Projektcontrolling*: Analyse der Veränderungen von Randbedingungen (Finanzen, veränderter Kenntnisstand, fachliche Vorgaben) auf ihre Bedeutung für Projektziele und Projektablauf.

Über Gegenstand und Ergebnis dieser Überlegungen sind die Betroffenen regelmäßig zu informieren, es sind Strukturen vorzusehen, die eine Einbeziehung in die Vorbereitung von Entscheidungen und die Festlegung von Prioritäten gewährleisten. Hier bietet sich der Projektbeirat an.

Das *operativ-maßnahmebezogene Projektcontrolling* hat zunächst die aus der Bauwirtschaft bekannten Aufgaben der Sicherstellung von Qualität, der Einhaltung von Zeit- und Kostenvorgaben sowie der Dokumentation. Dazu sind angesichts der spezifischen Rahmenbedingungen ausreichend Zeit einzuplanen, Betroffene sind zu hören. Für Abweichungen, Änderungen sind entsprechende administrative, technische und vertragliche Vorkehrungen zu treffen.

Darüber hinaus ist die Durchführung der Maßnahmen *im Konsens mit den Betroffenen* von zentraler Bedeutung. Voraussetzungen sind:

- Minimierung von Belastungen für Betroffene (Emissionen, Dauer, Zeitpunkt) als wesentliches Kriterium neben Kosten und administrativen Forderungen akzeptieren,
- ausführliche Erörterung von Sanierungsplanungen mit den Betroffenen, ggf. Einbeziehung bereits in der Planungsphase (Einzelgespräche, Kleingruppen),
- einvernehmliche Festlegung von Detailregelungen für die Sanierungsmaßnahmen,
- Transparenz bei der Zuordnung von Aufgaben und Kompetenzen, kontinuierliche Verfügbarkeit von entsprechenden Ansprechpartnern
- Unterhaltung guter (auch technisch guter) Kommunikationsstrukturen.

Sanierungsablauf

1. Nach *Erkundung des Bodens und Auswertung der Bodenbelastung* entscheidet das zuständige Regierungspräsidium Gießen, ob von dem betreffenden Grundstück eine wesentliche Beeinträchtigung des Wohls der Allgemeinheit ausgeht. Ist dies der Fall, wird das Grundstück als *Altlast festgestellt* (§ 11 HAltlastG). Die Altlastenfeststellung wird in das Liegenschaftskataster aufgenommen. Vor der Altlastenfeststellung erfolgt eine Information und Anhörung der betroffenen Eigentümer durch das Regierungspräsidium. Mit der Altlastenfeststellung wird die Erforderlichkeit einer Sanierung des Grundstücks förmlich dokumentiert.

   Die Altlastenfeststellung erfolgt auf der Grundlage einer flurstückbezogenen Dokumentation, die alle altlastenrelevanten Informationen (historische Nutzung, durchgeführte Untersuchungen, festgestellte Belastungen) beinhaltet und sowohl dem Grundstückseigentümer als auch den Behörden vorliegt.

2. In räumlichem Zusammenhang stehende, zu sanierende Grundstücke (Sanierungsareale) werden zu *Sanierungsteilräumen* zusammengefaßt. Dabei spielen insbesondere ablauftechnische, logistische Überlegungen eine Rolle. Für einen Sanierungsteilraum wird ein Sanierungsplan aufgestellt. Das Regierungspräsidium Gießen legt für jedes Grundstück das Sanierungsziel fest.

   Auf dieser Grundlage wird durch ein Ingenieurbüro eine Genehmigungsplanung erstellt, aus der alle für die Durchführung der Sanierung wesentlichen technischen und organisatorischen Gegebenheiten und Maßnahmen hervorgehen. Bestandteil des Sanierungsplans sind auch die naturschutzrechtlich erforderliche Eingriffs- und Ausgleichsbilanzierung, die Darstellung der forstrechtlich relevanten Maßnahmen (incl. Rodungsantrag) sowie die jeweiligen Ausgleichs- bzw. Ersatzmaßnahmen.

   Im Zuge der Planerstellung erfolgt eine Information der betroffenen Eigentümer, Nutzer und Anwohner. Mit Einreichung der *Genehmigungsplanung* beim Regierungspräsidium Gießen beginnt das Sanierungsplan-Genehmigungsverfahren.

3. Das *Sanierungsplan-Genehmigungsverfahren* wird vom Regierungspräsidium Gießen nach den Vorschriften des Hessischen Altlastengesetzes und des Hessischen Verwaltungsverfahrensgesetzes durchgeführt. Mit dem Genehmigungsverfahren für den Sanierungsplan soll sichergestellt werden, daß von den Flächen nach Durchführung der Sanierung keine Gefahr für Leib oder Gesundheit des Menschen sowie keine Gefährdung für die Umwelt in Zusammenhang mit der vorhandenen oder geplanten Nutzung der Fläche ausgehen (§ 1 HAltlastG) und bei Durchführung der Sanierungsmaßnahmen eine Beeinträchtigung des Wohls der Allgemeinheit vermieden wird (§ 1 HAltlastG). In dem Genehmigungsverfahren wird auch geprüft, ob andere öffentliche Belange wie z.B. der Naturschutz, das Wasserrecht, das Bauordnungsrecht, das Immissionsschutzrecht oder Arbeitsschutzbestimmungen gewahrt sind.

4. In Sanierungsplan-Genehmigungsverfahren für den Rüstungsaltstandort Stadtallendorf findet eine *Beteiligung der Öffentlichkeit und der Betroffenen* statt. Die betroffenen Eigentümer und Nutzer werden angehört und besitzen

ein Akteneinsichtsrecht. Die Öffentlichkeit wird beteiligt durch öffentliche Auslegung der Planunterlagen (2 Wochen). Bis zwei Wochen nach Auslegungsende besteht die Möglichkeit, Einwendungen geltend zu machen. Zwei Wochen nach Ende der Einwendungsfrist findet ein vom Regierungspräsidium Gießen durchgeführter Erörterungstermin mit den Einwendern und den beteiligten Behörden statt. Daran schließt sich die abschließende Prüfung durch das Regierungspräsidium unter Berücksichtigung der Ergebnisse des Erörterungstermins und der behördlichen Stellungnahmen an. Das Sanierungsplan-Genehmigungsverfahren endet mit dem Genehmigungsbescheid, der ggf. Auflagen enthält.

5. Parallel zur Aufstellung der Genehmigungsplanung erfolgt die *Beweissicherung und Bestandsaufnahme* der Sanierungsflächen. Das Grundstücksinventar (Bauwerke wie z.B. Gartenhäuser, Terrassen, sonstige Einrichtungen wie Zäune, Mauern usw., die Pflanzenausstattung des Gartens) wird durch Sachverständige vermessen, inventarisiert und der monetäre Wert ermittelt. Die Bestandsaufnahme und Bewertung ist Bestandteil der *Sanierungsvereinbarung*, die zwischen dem Regierungspräsidium und dem Grundstückseigentümer getroffen wird und sich auf rechtliche, finanzielle und organisatorische Aspekte der Sanierung bezieht.
Nach Genehmigung des Sanierungsplans erfolgt die detaillierte ingenieurtechnische *Ausführungsplanung* mit anschließender *Ausschreibung und Vergabe* der Bauleistungen. Die Ausschreibung erfolgt i.d.R. öffentlich. Die Auswahl der Bieter erfolgt nach Kriterien, die über Kosten hinausgehen. Die bisher gemachten Erfahrungen machen künftig eine Verschärfung der Auswahlkriterien erforderlich.

6. Die Sanierungsdurchführung beginnt mit der *Baustelleneinrichtung* auf der Sanierungsfläche (Schwarz-Weiß-Anlage, Büro-, Labor-, Gerätecontainer, Übergabestation für Bodenaushub, Einrichtung eines Beprobungs- und eines Rückbaulagers, Errichtung von Bauzäunen).

7. *Die Sanierungsflächen werden freigeräumt*, d.h. der Bewuchs, temporäre Bauwerke wie z.B. Gartenhäuser etc., Zäune und Mauern werden entfernt. Soweit die Zuwegung zur Sanierungsfläche für LKW und Baggerfahrzeuge nicht geeignet ist, werden provisorische Zufahrten zum Grundstück gebaut. Ggf. sind Verkehrsumleitungen erforderlich bzw. Ersatzflächen (Parkflächen) auszuweisen.

8. *Der Bodenaushub erfolgt in Tiefenschritten* von 1 m. In Sanierungsbereichen mit ausschließlich nutzungsbezogener Bodenbelastung wird der Boden mit Baggern bis 1 m Tiefe ausgekoffert. Bei bekannten hohen Bodenbelastungen und absehbaren gasförmigen Emissionen findet der Aushub unterhalb einer Zelthalle statt. Zelte verhindern darüber hinaus den Eintrag von Niederschlagswasser und damit die Mobilisierung von Schadstoffen.
In Sanierungsbereichen mit tieferreichenden, grundwasserrelevanten Belastungsschwerpunkten wird der Boden bis max. 3 m Tiefe und, falls bautechnisch möglich und finanziell verhältnismäßig, tieferreichend ausgekoffert. Kriterien für die Abgrenzung sind in der Entwicklung. (Was heißt verhältnismäßig, was ist technisch machbar?)

Wird nicht tieferreichend ausgekoffert, wird ein Sicherungselement (z.B. Bentonitmatte) eingebaut, um weitere Lösung im Boden verbleibender Schadstoffe durch Sickerwasser zu verhindern.

Die Baugrube wird durch Böschungen gesichert. Trägerbohlwände und Stabilisierungen des Baugrundes, z.B. durch HDI kommen zu Einsatz, wenn die Lage von Baugruben die Standsicherheit von Gebäuden gefährdet.

Im Zuge der Bodensanierung anfallender Bauschutt oder Gebäudereste werden, soweit möglich, separiert und verwertet.

Beim Bodenaushub handelt es sich um bautechnische Maßnahmen, die ohne besonderen technischen Aufwand, unter Einsatz üblicher Geräte des Tiefbaus (Tieflöffel-Bagger, Radlader) ausgeführt werden. Ergänzende arbeitsschutztechnische Ausrüstung sind A-Kohle-Filter und Panzerglasscheibe). Die besonderen örtlichen Bedingungen (teilweise Arbeiten unter beengten Verhältnissen in Zelten, Stillstände wg. Beprobung, Analytik und Freigabe, dichtes Netz von bekannten und unvorhergesehen auftauchenden Leitungen und begrenzte Annahmekapazitäten des Zwischenlagers) begrenzen die durchschnittliche tägliche Aushub- und Abtransportleistung auf 100 m³ pro Baustelleneinrichtung. In besonderen Situationen kann dann für Aushub und Rückverfüllung von 300 m³ ein Zeitraum von 3 Wochen (ohne) und 4 Wochen mit Zelt erforderlich werden.

9. Die *Beprobung der Sohlfläche und der Wandflächen* der Baugrube dient der Überprüfung des Sanierungserfolges in der Tiefe und in der Fläche. Werden hierbei Überschreitungen der Eingreifwerte festgestellt, werden die Aushubmaßnahmen weitergeführt („Nachschneiden" von Sohl- und Lateralflächen). Gegebenenfalls wird ein Sicherungselement eingebaut. Das sogen. Nachschneiden von Sohl- und Lateralflächen über den aus der Erkundung bekannten Umfang hinaus macht sowohl Kosten als auch Dauer der Sanierung nur bedingt kalkulierbar. Es führte an der Testfläche zu einem Aushub bis auf 8 m unter GOK und einer 50 %-igen Massenmehrung.

10. Der Bodenaushub wird nach seiner *Belastungshöhe* (mg TNT-TE/kg) und den darauf bezogenen Vorgaben für seine Verwertung oder Behandlung in fünf Kategorien unterteilt: ≤ 5, > 5 bis ≤ 20, > 20 bis ≤ 40, > 40 bis ≤ 80, > 80. Bei eindeutiger Einstufung nach der Bodenerkundung in eine der Kategorien > 20 mg TNT-TE/kg wird der Boden unmittelbar in Container im Übergabebereich geladen. Eindeutig einzustufender Boden mit Belastungen ≤ 20 mg TNT-TE/kg wird in das im Sanierungsteilraum befindliche Rückbaulager verbracht. Nicht eindeutig einzustufender Boden wird in das auf im Sanierungsteilraum befindliche Beprobungslager verbracht, beprobt, analysiert und in eine der fünf Kategorien eingestuft.

11. Mit der *Einstufung* wird entschieden, ob der Bodenaushub in der thermischen Bodenbehandlungsanlage gereinigt wird (Belastung von > 80 mg TNT-TE/kg), oder mit bzw. ohne Behandlung verwertet werden kann (Belastungen zwischen 80 und 20 mg TNT-TE/kg) (Transport ins Zwischenlager) oder ob der Boden sofort wiedereingebaut werden kann (Belastung < 20 mg TNT-TE/kg) (Lagerung im Rückbaulager).

12. Der *Rückbau von Boden* erfolgt nutzungsbezogen differenziert. Für Wohngebiete gilt:

- Böden mit TNT-Gehalten bis 20 mg TNT-TE können in Tiefen > 1 m eingebaut werden;
- unbelasteter Boden ist in Bereichen von 1,0 m bis Geländeoberkante einzubauen.
  Neben den Qualitätsanforderungen muß der Rückbauboden auch bodenmechanischen Anforderungen (Verdichtungsfähigkeit, Setzungsverhalten, Bearbeitbarkeit) genügen.

13. Die *gutachterliche Sanierungsbegleitung und Qualitätssicherung* kontrolliert und dokumentiert die gesamte Sanierungsmaßnahme und den Sanierungserfolg (Erreichen des Sanierungsziels). Die Ergebnisse einzelner Aushubabschnitte werden dem RP Gießen übermittelt, der auf dieser Grundlage die Freigabe zur Verfüllung erteilt bzw. ein „Nachschneiden" anordnet.

14. Der *Transport kontaminierter Böden* wird in abgedeckten Containern mit LKWs durchgeführt:

- vom Sanierungsort (Übergabestation) zum Zwischenlager oder
- vom Sanierungsort (Übergabestation) zur Bahnumladestation (Transport zur Bodenreinigung).

Rückbauboden wird mit LKWs entweder:

- vom Experimentierfeld zum Sanierungsort (Rückbaulager) oder
- von der Bahnumladestation (gereinigter Boden) zum Sanierungsort (Rückbaulager) transportiert.
  Zusätzlich wird unbelasteter Boden von außerhalb des DAG-Geländes zum Wiedereinbauort transportiert.
  Verunreinigter Boden > 80 mg TNT-TE/kg wird per Bahn zu einer externen vorhandenen Bodenbehandlungsanlage transportiert, dort gereinigt und anschließend auf seine Qualität hin kontrolliert (Erreichen des Sanierungszieles). Der gereinigte Boden wird z.T. zum Standort zurücktransportiert und rückgebaut, z.T. wird er extern verwertet.

Der Umgang mit den Böden wird von einer „Koordinationsstelle Bodenmanagement" gesteuert, zu deren Aufgaben gehört:

- Abstimmung des Betriebs sowie der Ein- und Auslagerung mit Betreiber ZL
- Ausschreibung und Bauleitung von Brechen, Sieben
- Organisation von Transportleistungen (Bahn, LKW für Spitzen)
- Dokumentation der Stoffströme
- Recherche, Preisanfragen von Entsorgungs- und Verwertungsleistungen in Zusammenarbeit mit HIM GmbH

Neben Böden sind Bauschutt, organische Materialien und geborgener Sprengstoff zu handeln.

15. Um langfristige Auswirkungen im Untergrund verbliebener Schadstoffe auf das Grundwasser kontrollieren zu können, werden bei Bedarf zusätzliche

Grundwassermeßstellen eingerichtet. An diesen werden in regelmäßigen Zeitabständen Grundwasserproben entnommen und auf ihre Schadstoffgehalte hin untersucht.

16. Nach *Abschluß des Bodenaustausches* werden die Sanierungsflächen wieder hergestellt bzw. rekultiviert, d.h. Gärten werden unter Bezug auf die Bestandsaufnahme wieder hergestellt.
Die Wiederherstellung der Gärten und in diesem Zusammenhang die Zahlung von Ausgleichsabgaben nach Naturschutzrecht bzw. die Durchführung von Ausgleichsmaßnahmen, die Wiederaufforstung bzw. die Zahlung der Walderhaltungsabgabe sind zu einem erheblichen Kostenfaktor für die Sanierung geworden.

17. Die *Aufhebung der Altlastenfeststellung* erfolgt durch das Regierungspräsidium Gießen, wenn die Sanierungsmaßnahme durchgeführt und das festgelegte Sanierungsziel erreicht ist. Der Nachweis im Liegenschaftskataster wird gelöscht. Soweit die Sanierung im Hinblick auf eine eingeschränkte künftige Nutzung des Grundstücks erfolgt, wird diese Beschränkung in das Baulastenverzeichnis beim Kreisbauamt und in die Altflächendatei der Hessischen Landesanstalt für Umwelt (HLfU) eingetragen. Im Falle von Teilsanierungen oder Sicherungsmaßnahmen kann es erforderlich sein, die Altlastenfeststellung aufrechtzuerhalten.
Die durchgeführte Sanierungsmaßnahme wird in einer Flurstückbezogenen Dokumentation dargestellt, die den Grundstückseigentümern und den Behörden zur Verfügung steht.

Dioxinsanierung im Stadtgebiet von Rheinfelden, Baden-Württemberg, aus Sicht des Landkreises Lörrach

MICHAEL THATER

Einleitung

Die Erkundung und die Sanierung von stofflichen Bodenbelastungen in Siedlungsgebieten stellt besondere Anforderungen an die Umweltbehörden. Einerseits ist bei der Bewertung der Schadstoffkonzentrationen im Boden von sensiblen Nutzungen wie Hausgärten zur Selbstversorgung oder Kinderspielflächen auszugehen und andererseits erfordert die Zusammenarbeit mit den betroffenen Grundstückseigentümern, welche häufig nicht die Verursacher der Belastungen sind, besonderes Fingerspitzengefühl.

In Rheinfelden (Baden-Württemberg) wurden in den Böden des dicht besiedelten ca. 290 ha großen Innenstadtgebietes Anfang der 90er Jahre hohe bis sehr hohe Gehalte von polychlorierten Dibenzodioxinen und Dibenzofuranen (PCDD/PCDF) entdeckt. Nach einer rund fünfjährigen Phase der intensiven Erkundung dieser Bodenbelastungen erfolgen seit 1997 systematische Sanierungsmaßnahmen. Betroffen sind vor allem Privatgrundstücke mit Ein- bis Mehrfamilienhausbebauung. Über die Erkundung und die Sanierung dieser bewohnten Bodenbelastungen wird im folgenden berichtet.

Ursachen und Erkundung der Dioxinbelastungen in Rheinfelden

Die flächenhafte PCDD/PCDF-Belastung der Böden im Innenstadtgebiet von Rheinfelden ist seit 1991 bekannt. Ab dem Jahr 1994 liefen die Vorbereitungen für eine Sanierung der besonders stark belasteten Grundstücke. Seit Anfang 1997 erfolgen in Rheinfelden Sanierungsmaßnahmen.

Um die Sanierung der Dioxin-Bodenbelastungen in Rheinfelden und deren Besonderheiten verstehen zu können, ist es notwendig, zunächst einen kurzen Blick auf die noch junge Stadtgeschichte von Rheinfelden und auf die Entdeckung der Bodenbelastungen zu nehmen.

Entwicklung der Stadt Rheinfelden (Baden)

Die Stadt Rheinfelden (Baden) liegt ca. 15 km östlich von Basel auf der deutschen Seite des Hochrheintales gegenüber der Sole- und Bäderstadt Rheinfelden (Schweiz). Während letztere auf eine nahezu 900-jährige Geschichte zurückblicken kann, ist das deutsche Rheinfelden erst ab 1895 mit dem Bau des ersten Flußkraftwerkes in Europa entstanden. Als Folge der durch das Kraftwerk zur

Verfügung stehenden elektrischen Energie siedelten sich Industriebetriebe an, welche wiederum Arbeitskräfte aus ganz Europa anzogen. Im Jahr 1930 war die junge Stadt bereits auf rund 6.500 Einwohner angewachsen; heute leben in Rheinfelden nahezu 32.000 Menschen. Damals wie heute sind die Geschicke der Stadt und ihrer Einwohner eng mit den ortsansässigen Industriebetrieben verbunden.

Beim Bau der Industrieanlagen und der Siedlungen wurde Kies aus nahegelegenen Gruben gewonnen. Nach Abschluß der Rohstoffgewinnung sind diese Kiesgruben neben Erdaushub und Hausmüll auch mit Abfällen aus den Produktionsprozessen der Industrie wiederverfüllt worden. Heute befinden sich vier dieser meist hoch mit Schadstoffen – insbesondere PCDD/PCDF – belasteten Altablagerungen im Bereich des Kernstadtgebietes von Rheinfelden. Sie wurden bzw. werden auf Anordnung des Landratsamtes Lörrach vom damaligen Handlungsstörer oder vom heutigen Zustandsstörer erkundet und saniert.

Neben diesen vier klar umgrenzbaren Altstandorten finden sich in den Böden des Innenstadtgebietes von Rheinfelden weitere PCDD/PCDF-Belastungen, deren Ursachen, Verbreitung und Sanierung im folgenden näher behandelt werden sollen.

Entdeckung der Dioxin-Bodenbelastungen in Rheinfelden

Ende der 80er Jahre wurden bei Bodenuntersuchungen in Rheinfelden im Rahmen eines landesweiten Meßprogramms im Auftrag des Umweltministeriums Baden-Württemberg erhöhte Gehalte von PCDD/PCDF in den Böden des Werksgeländes und des Umfeldes eines örtlichen Industriebetriebes ermittelt. Bei den weiteren Untersuchungen ging man zunächst von einem atmosphärischen Eintrag der Dioxine aufgrund der im betreffenden Betrieb von 1967 bis 1986 ausgeübten Pentachlorphenol-Produktion aus. Es ergab sich allerdings nicht die erwartete gleichförmige, in Hauptwindrichtung abnehmende Schadstoffbelastung der Böden, sondern in Gegenteil eine völlig ungeregelte Verteilung von sehr hohen PCDD/PCDF-Gehalten (bis zu max. 3,9 Millionen ng I-TEQ/kg) direkt neben vergleichbar geringen (FREMGEN & ZISSEL 1992).

Durch umfangreiche Literaturrecherchen und den Vergleich der PCDD/PCDF-Isomerenmuster wurde als Ursache für diese Bodenbelastungen die Ablagerung von Produktionsrückständen aus der Chloralkalielektrolyse nach dem sogenannten „Griesheim-Verfahren" ermittelt (LUTZ ET AL. 1991). Diese Produktionsabfälle fielen im Zeitraum von ca. 1900 bis in die 30er Jahre an. Durch die Verschleppung dieser Abfälle beim Transport oder bei der Verlagerung von Aushub im Rahmen von Bautätigkeiten in den darauf folgenden Jahrzehnten wurden die Kontaminationen ungeregelt verbreitet. Es waren somit erhebliche Belastungen von Böden im gesamten bewohnten Innenstadtbereich zu befürchten.

Erkundung der Bodenbelastungen mittels Stadtbodenkartierung

Um das Ausmaß und die Verteilung der Bodenbelastungen in Rheinfelden zu erfassen, führte das Institut für Bodenkunde und Standortlehre der Universität Hohenheim von 1993 bis 1995 im Auftrag des Landes Baden-Württemberg als Pilotstudie eine flächendeckende parzellenscharfe und belastungsorientierte Stadtbodenkartierung im 290 ha großen Innenstadtgebiet durch (STAHR ET AL. 1994/95). Dabei wurden nach bodenkundlichen Methoden unter „worst-case"-Gesichtspunkten bei 900 der insgesamt 1916 Grundstücke Auffälligkeiten gefunden, die möglicherweise auf erhöhte Dioxingehalte im Boden hinweisen können (THATER ET AL. 1996). Durch weitere statistische Auswertungen, Einzelfallbetrachtungen und Analysen bei 729 Grundstücken auf mögliche Leitparameter und Schwermetalle wie Ba, Cr, Cu, Hg, Ni, Pb und Zn sowie bei insgesamt über 300 Bodenproben auf PCDD/PCDF konnten 36 Grundstücke mit Bodengehalten von > 1.000 ng I-TEQ/kg außerhalb der oben beschriebenen Altablagerungen ausgewiesen werden (FLECK ET AL. 1997). Für diese Grundstücke besteht nach der Vierten Verwaltungsvorschrift zum Bodenschutzgesetz von Baden-Württemberg (UMWELTMINISTERIUM BADEN-WÜRTTEMBERG 1996) eine Sanierungspflicht. Gleichzeitig konnte festgestellt werden, daß andere Schadstoffe wie PAK oder Schwermetalle nur untergeordnet in erhöhten Konzentrationen in den Rheinfelder Böden enthalten sind – es war also vor allem ein Dioxin-Problem zu lösen.

Sanierungskonzept und Sanierungsfonds Rheinfelden

Störerauswahl

Da ein Verursacher für die PCDD/PCDF-Bodenbelastungen als Verpflichteter im Sinne eines Handlungsstörers nicht mehr greifbar war und sich die betroffenen Grundstückseigentümer – i.d.R. Privatpersonen – als Zustandsstörer in einer Opfersituation befanden, entschlossen sich das Land Baden-Württemberg, vertreten durch das Umweltministerium, der Landkreis Lörrach und die Stadt Rheinfelden (Baden) unter Beteiligung der betroffenen Grundstückseigentümer zur Einrichtung eines „Sanierungsfonds Rheinfelden" mit einem Gesamtvolumen von 10 Mio. DM. Auf diesen Betrag wurde die Sanierung der 36 Flurstücke mit Bodenbelastungen von > 1.000 ng I-TEQ/kg einschließlich der Entsorgung des belasteten Erdmaterials nach sorgfältigen Voruntersuchungen geschätzt.

Sanierungsfonds Rheinfelden

Der „Sanierungsfonds Rheinfelden" ist mit 7,5 Mio. DM öffentlicher Mittel ausgestattet und auf eine Laufzeit von 1996 bis 2000 ausgelegt. Das Land Baden-Württemberg, der Landkreis Lörrach und die Stadt Rheinfelden haben über die Einrichtung und die Aufgaben des Sanierungsfonds eine öffentlich-rechtliche Vereinbarung getroffen. Die Kostenbeteiligung der Grundstückseigentümer an den Sanierungsmaßnahmen wurde dabei auf max. 25 % (insgesamt 2,5 Mio. DM) festgelegt. Durch eine kostengünstige Verwertung von mäßig belastetem Material aus den zu sanierenden Grundstücken konnten die Entsorgungskosten für die Gesamtmaßnahme erheblich verringert und somit die Kostenbeteiligung der einzelnen Grundstückseigentümer auf unter 10 % reduziert werden.

Die Umsetzung des „Sanierungsfonds Rheinfelden" obliegt der Stadt Rheinfelden, die mit der Abwicklung dieser Aufgabe die bestehende Städtische Wohnungsbaugesellschaft mbH als Sanierungsgesellschaft betraut hat.

Förderberechtigt nach dem „Sanierungsfonds Rheinfelden" sind Eigentümer von sanierungspflichtigen Grundstücken mit PCDD/PCDF-Bodengehalten von > 1.000 ng I-TEQ/kg. Gefördert wird als Sanierungsmaßnahme insbesondere der Bodenaustausch bis zur Kontaminationsunterkante; soweit dieser technisch nicht sinnvoll ist, können auch Sicherungsmaßnahmen (z.B. Überdeckung mit Geotextil und mind. 30 cm unbelastetem Bodenmaterial) gefördert werden.

Umsetzung der Sanierungsmaßnahmen

Sanierungsvertrag

Vor einer Sanierungsmaßnahme wird zwischen dem jeweiligen Grundstückseigentümer und der Sanierungsgesellschaft ein Sanierungsvertrag abgeschlossen, welcher auf einer exakten Erhebung des Grundstücksbestandes und dessen Wertes sowie der Festlegung der notwendigen Sanierungsmaßnahmen und der vorgesehenen Wiederherstellung beruht. Im Sanierungsvertrag wird ein Festpreis für den Eigenanteil der Grundstückseigentümer, der auf einer detaillierten Kalkulation der Sanierungsmaßnahme gründet, festgelegt. Ein durch intensive Vorbereitung minimiertes Risiko von unvorhersehbaren Mehrkosten trägt die Sanierungsgesellschaft.

Technische Besonderheiten der Sanierung in Rheinfelden

Die zu sanierenden Grundstücke befinden sich nahezu alle mitten im Kernbereich der Stadt Rheinfelden. Sie sind i.d.R. bewohnt; eine Nutzung der Freiflächen als Zier- oder Nutzgarten ist üblich. Meist handelt es sich um Einfamilien- oder Reihenhausbebauung, in selteneren Fällen ist eine Wohnblockbebauung betroffen. Das Alter der Gebäude variiert zwischen ca. 10 und bis zu 90 Jahren.

Durch die unregelmäßige Verteilung der zu sanierenden Bereiche im gesamten Innenstadtgebiet ist die Sanierung nahezu jedes einzelnen Grundstücks als separate Maßnahme zu planen und durchzuführen.

Durchführung der Sanierungsmaßnahmen

Auf Grundlage der Ergebnisse der Stadtbodenkartierung sowie der jeweils ergänzenden Erkundungen für jedes zu sanierende Grundstück legt das Landratsamt Lörrach als Bodenschutzbehörde den Sanierungsbedarf und die jeweiligen Sanierungsanforderungen fest. Diese Sanierungsanforderungen sind Ausschreibungsgrundlage für die Sanierungsgesellschaft, die ein Ingenieurbüro mit der detaillierten Ausschreibung der Sanierungsmaßnahmen und der Bauleitung vor Ort betraut hat. Die Erdarbeiten werden von einer erfahrenen Bauunternehmung unter Arbeitsschutzbedingungen im Schwarz-Bereich durchgeführt. Die Sanierungsmaßnahmen werden rechtlich und fachtechnisch durch das Landratsamt überwacht. Während der Bauarbeiten erfolgt eine enge Abstimmung zwischen dem Grundstückseigentümer, den Anwohnern, dem Vertreter der Sanierungsgesellschaft, der Bauleitung und der bauausführenden Firma sowie dem Landratsamt. Nach Abschluß des Bodenaushubs erfolgt die Referenzprobenahme sowie die Endabnahme mit Aufhebung des Schwarz-Bereiches durch das Landratsamt. Darauf folgt die Verfüllung der Baugrube mit nachweislich unbelastetem Erdmaterial und die landschaftsgärtnerische Wiederherstellung des Grundstückes.

Bei Belastungen unter bestehenden massiven Gebäuden oder bei Gefahren für die Gebäudestatik erreichen die Sanierungsmaßnahmen die Grenzen ihrer Möglichkeiten. Hier wird die im Unterboden verbleibende Belastung durch Geotextil vom sanierten Bereich abgetrennt, sorgfältig dokumentiert und über die Eintragung ins Baulastenverzeichnis rechtlich langfristig gesichert.

Bürgerbeteiligung und Kommunikation mit den Betroffenen

Bereits während der Erkundungsphase (z.B. Stadtbodenkartierung) erfolgten regelmäßige Bürgerinformationen durch Pressemitteilungen. Gezielte Informationen wurden durch Flugblattaktionen und Bürgertelefone erteilt. Jeweils vor einschneidenden Ereignissen (z.B. Stadtbodenkartierung, Beginn der Sanierungsmaßnahmen) erfolgten öffentliche Bürgerversammlungen. Mit den von den Sanierungen betroffenen Bürgern wurden vor Beginn der Maßnahmen mehrere nichtöffentliche Informationsveranstaltungen durchgeführt.

Die entscheidende Kommunikationsform ist aber zweifelsfrei das direkte Gespräch zwischen Sanierungsgesellschaft und betroffenem Bürger bei der besonders bedeutsamen Phase der Vorbereitung und Ausgestaltung des Sanierungsvertrages. Die Akzeptanz zur freiwilligen Sanierung kann nur durch bürgernahe, umfassende und persönliche Information, weitmöglichste Berücksichtigung der Wünsche der Betroffenen sowie den Fixpreis für den Eigenanteil erreicht werden. Hierbei hat sich gezeigt, daß es für die Betroffenen von großer Bedeutung ist, einen kompetenten und entscheidungsbefugten Ansprechpartner vor Ort zu haben, der auch auf manchmal ungewöhnliche Fragen und Wünsche „kundenorientiert" einzugehen vermag.

Fazit und Ausblick

Im ersten Jahr der Laufzeit des „Sanierungsfonds Rheinfelden" 1997 wurden in zwei Bauabschnitten bereits 27 Grundstücke mit Belastungen zwischen 1.000 und 10.000 ng I-TEQ/kg saniert, wobei acht Flurstücke hiervon infolge noch fehlender Entsorgungsmöglichkeiten für hoch belastetes Material bisher nur teilsaniert sind. Die Sanierungsmaßnahmen erfolgten bei allen Grundstückseigentümern auf freiwilliger Vertragsbasis.

Die Eckpfeiler des Rheinfelder Sanierungsmodells sind die Einrichtung des „Sanierungsfonds Rheinfelden" und die Bündelung der Sanierung in einer Sanierungsgesellschaft sowie die intensive und offensive Öffentlichkeitsarbeit schon ab der Erkundungsphase. Der Sanierungsvertrag zwischen Sanierungsgesellschaft und Betroffenem mit Festlegung eines Festpreises für den Eigenanteil des Eigentümers ist eine bedeutsame Voraussetzung für die hohe Akzeptanz bei den Sanierungsmaßnahmen. Um dabei das Risiko für die Sanierungsgesellschaft minimal zu halten, müssen die Sanierungsmaßnahmen detailliert vorbereitet und exakt durchkalkuliert sein. Hierfür empfiehlt sich nach unserer Erfahrung der Einsatz eines erfahrenen Ingenieurbüros als Planer und Bauleiter sowie einer versierten Bauunternehmung.

Aus der Sicht des Landratsamtes Lörrach läßt sich für die bisher durchgeführten Sanierungsmaßnahmen ein durchweg positives Zwischenfazit ziehen. Bis auf wenige technische Details ergeben sich zum vorgestellten Verfahren keine Optimierungsmöglichkeiten. Bei den anstehenden Bauabschnitten für die Jahre 1998/99 mit noch insgesamt 16 Teilflächen soll daher weitgehend wie bisher verfahren werden.

7. Literatur

FLECK, W., M. THATER & F. ZWÖLFER (1997): Böden und Bodenschutz im Verdichtungsraum Basel – Lörrach – Rheinfelden; Mitteilungen der Deutschen Bodenkundlichen Gesellschaft 83, S. 383–417.

FREMGEN, B. & G. ZISSEL (1992): „Dioxin-Altlasten" – eine der Ursachen für die Dioxinbelastungen in Rheinfelden; Müll und Abfall 1, S. 23–28.

LUTZ G., W. OTTO & H. SCHÖNBERGER (1991): Neue Altlast – Hochgradig mit polychlorierten Dibenzofuranen belastete Rückstände aus der Chlorerzeugung gelangten jahrzehntelang in die Umwelt; Müllmagazin 3, S. 55–60.

STAHR K., G. ANTONI, H. BÄCHLE, P. KALLIS, H. LENZ, J. SCHNEIDER (1994/95): Abschlußbericht zum Pilotprojekt Stadtbodenkartierung Rheinfelden (Baden) mit Ergänzungsbericht Adelberg (mit Datenbank und digitaler Bodenkarte 1: 5.000); Amt für Wasserwirtschaft und Bodenschutz Waldshut und Landesanstalt für Umweltschutz Baden-Württemberg; 113 S. u. 9 Karten.

THATER M., H. SCHIRG & W. LILLICH (1996): Dioxin-Bodenbelastungen in Rheinfelden (Baden) – eine Zwischenbilanz; Wasser & Boden 9, S. 33–38.

UMWELTMINISTERIUM BADEN-WÜRTTEMBERG (1996): Vierte Verwaltungsvorschrift zum Bodenschutzgesetz über die Ermittlung und Einstufung von Gehalten organischer Schadstoffe im Boden (VwV Organische Schadstoffe); GABl. 2 vom 14.02.96, S 87–94.

Sanierungsplanung bei der bewohnten Altlast Lampertheim (Hessen) und deren Auswirkungen auf Betroffene aus Sicht des Projektbeirats

Ralf Peter

Leitfragen

- Was sind die Besonderheiten der Sanierung in Lampertheim? Welche Auswirkungen auf die Betroffenen sind zu erwarten?
- Wann ist der Projektbeirat mit welchen Aufgaben eingerichtet worden?
- Welche Befürchtungen und Hoffnungen stehen im Vordergrund der Arbeit des Projektbeirats?
- Was waren die größten Erfolge, was die größten Mißerfolge der Arbeit des Projektbeirats?
- Was sind wesentliche Erfolgsfaktoren für die Arbeit eines Projektbeirats?
- Welche guten und welche schlechten Fallbeispiele gibt es in Bezug der Kooperation zwischen den Akteuren?
- An welchen Punkten konnte der Projektbeirat den Gang des Verfahrens beschleunigen?

Zusammenfassung

Die Belastungen in Lampertheim-Neuschloß mit Dioxinen, Schwermetallen und Arsen, insbesondere des Grundwassers, sind auf den Betrieb der chemischen Fabrik, die nach 100-jähriger Produktion im Jahre 1927 stillgelegt wurde, zurückzuführen. Dies haben die bisherigen Gutachten zweifelsfrei ergeben.

Für die von Altlasten betroffenen Menschen ändert sich Ihr Leben schlagartig. Es herrscht Angst, Unsicherheit und Betroffenheit. Die Behörden reagieren zurückhaltend und fast ängstlich, so daß es nicht verwunderlich ist, daß zu allem auch noch die Wut der Bürger hinzu kommt. Deshalb ist es notwendig, größtmögliche Transparenz und Offenheit unter Einbeziehung der Bürger bereits vom ersten Anfangsverdacht auf Altlasten sicherzustellen.

Genau hier versteht der Projektbeirat Altlasten Neuschloß (PAN) seine Aufgaben und Ziele. Der PAN wurde im Mai 1995 unter Anregung der örtlichen politischen Gremien in einer öffentlichen Wahl von Bürgern für Bürger gewählt. Mitglieder sind ausschließlich Bewohner aus Lampertheim-Neuschloß.

Es war der erste gewählte Projektbeirat im Sinne des Hessischen Altlastengesetzes von 1994.

Dieses Altlastengesetz brachte juristische Klarheit im Umgang mit der Altlast zum einen, aber auch auf der anderen Seite jede Menge Fragen und klärungsbedürftiger Interpretationen. So wurde vom PAN der § 11 Wertzuwachsausgleich in Frage gestellt, ebenso wie die Erbenhaftung – ein Teil der Sanierungsverantwortlichkeit. Die Erbenhaftung sollte durch eine Gesetzesänderung geklärt werden, für die sich jedoch in den politischen Gremien keine Mehrheit fand. In beiden Fällen liegt nun ein Erlaß des Umweltministeriums vor, der zumindest eine klare Aussage zu Gunsten der Betroffenen beinhaltet.

Das Altlastengesetz bringt aber auch deutlich die Unsicherheit der Behörden bezüglich der Bürgerbeteiligung zu Tage. Der wage formulierte § 11 spricht davon, daß es Beiräte geben *kann*, diese *können Empfehlungen* aussprechen.

Und wieder sind die Altlastenbetroffenen auf den guten Willen der Behörden angewiesen. Aber hier vermittelnd einzugreifen, Standpunkte klar zu machen den Amtsschimmel etwas zu beschleunigen und auf der anderen Seite die Wut, die Emotionen und die Angst der Betroffenen zu begrenzen, ist ein hochgesteckhtes Ziel der ehrenamtlichen Mitglieder des Projektbeirates.

Der Umgang mit der Angst ist keine Stärke der Behörden. Ein wesentlicher Punkt der Angst ist die gesundheitliche Bedrohung, die von der Altlast ausgeht. Hier wurden in Neuschloß zwei Untersuchungen durchgeführt. Bei der ersten Blutuntersuchung waren bereits nach zwei Stunden, die vorbereiteten Teströhrchen aufgebraucht. Die Behörden zeigten sich überrascht über den großen Andrang.

Die zweite – weit angelegte – Untersuchung befaßte sich mit dem Dioxingehalt von Bewohnern. Wie aber wollen Sie die Gemüter und Ängste beruhigen, wenn die Aussage der Experten die Belastung als nicht signifikant ausweist, gleichzeitig aber die Untersuchung ergibt, daß die untersuchten Personen die doppelte Menge Dioxin im Körper gespeichert haben, wie Ihre Vergleichspersonen.

Hier wird der Behördenumgang mit der Angst und damit mit den Bürgern deutlich.

Auf der anderen Seite dauert es über ein Jahr, bis ein Wasserentnahmeverbot für private Brunnen ausgesprochen wird, obwohl bekannt ist, daß das Grundwasser in weiten Teilen mit Arsen kontaminiert ist.

Die Kluft zwischen Emotionen, Betroffenheit und Ohnmacht der Bürger und der nüchtern arbeitenden Behörden könnte nicht größer sein.

Die akribischen Untersuchungen und Gutachten, inzwischen bestimmt 15 Stück, sind notwendig, um die Sanierungsmaßnahmen planen und durchführen zu können. Der Projektbeirat kämpft sich durch einen Wust unbekannter Zahlen, versucht alle Werte einzuordnen. Allein dies ist schon schwer genug. Bevor aber die zähen Verhandlungen über Schwellen- und Zielwerte abgeschlossen werden, ändert sich die gesetzliche Grundlage und der Kreislauf beginnt von vorn. Neue Auswertungen über bestehende Zahlen, Änderung der Überlegungen zu Aushubtiefen und Neubewertung der zur Altlasterklärung anstehenden Grundstücke. Dies alles immer dann, wenn ein neuer Entwurf einer Verwaltungsvorschrift herausgegeben wird oder ein neuer Entwurf des Bundesbodenschutzgesetzes besprochen wird. Wundert sich jemand, wenn hier von Verschleppungstaktik gesprochen wird?

Bei der Erbenhaftung wurde von den Behörden eindeutig ein Stichtag festgelegt, zu dem die gesetzliche Regelung greift. Wieso geht dies nur, wenn es zum Nachteil des Bürgers ist ? Sollte dieser Eindruck so falsch sein?

Tatsache ist, daß ein Festschreiben der Grenzwerte und der gesetzlichen Grundlagen beispielsweise im Jahre 1995, die Sanierung in Lampertheim-

Neuschloß, zumindest aber die Sanierungsplanung, um bis zu zwei Jahre beschleunigt hätte.

Die letzten drei Jahre wurden zwischen den Behörden, dem Projektbeirat mit allen Bürgern Annäherungen erzielt, die vielversprechend sind, Dennoch darf der Umgang mit der Altlast nicht auf einzelnen Paragraphen, Gesetzen, Haftungsfragen und Sanierungswerte beschränkt werden. Zugegebenermaßen wichtige Dinge, aber Hauptpunkt ist, die Behandlung einer bewohnten Altlast muß sich an den betroffenen Menschen orientieren.

Bürgerbeteiligung – „Faule Kompromisse für nützliche Idioten?!"

DETLEF STOLLER

Der Verband BVAB

Zunächst möchte ich Ihnen kurz den BVAB e.V. – den Bundesverband Altlasten Betroffener vorstellen. Im BVAB sind Menschen organisiert, die die zumeist vorherrschende Willkür und Arroganz der Kommunen nicht mehr stumm ertragen wollten. Menschen, die es nicht länger mitmachen wollten, für den Fortschritt der Epidemiologie als sogenannte „Probanden" die Blut- und Urinlieferanten zu spielen. Als wir uns 1990 gründeten, war der Umgang von Behörden und Gutachtern im Prinzip immer derselbe: Pausenlose Konflikte um Grenzwerte und Sanierungsziele, mit Gutachtern, mit Gegengutachtern, bis hin zu obligatorischen Gerichtsprozessen machten aus dem Streit um eine bewohnte Altlasten regelmäßig eine unendliche Geschichte mit zwei Fronten: Auf der einen Seite Behörden, Verursacher, Gutachter, Juristen und auf der anderen Seite Betroffene, die meist ahnungs- und schuldlos Altlasten-Bewohner wurden. Die Behördenseite bildete eine verschworene Gemeinschaft mit einer perfekt eingeübten organisierten Unverantwortlichkeit. Die Betroffenen absolvieren ein unfreiwilliges Altlastenstudium mit den Hauptfächern: Chemie, Geologie, Geschichte, Medizin, Toxikologie, Jura, Psychologie, Rhetorik und Graphik-Design.

Nun sollte man denken, daß heute – 1998 – fast zwanzig Jahre nach Aufdekkung der ersten Altlastenfälle wie Bielefeld-Brake und Dortmund-Dorstfeld das Sanierungsmanagement seitens der Behörden souveräner geworden ist. Das ist tatsächlich so. 1986 mußte die Sanierungsbaustelle der Altlast Dortmund-Dorstfeld von der Polizei geräumt werden, weil die Bewohner 71 Tage lang die Sanierungsbagger blockierten. Heute genügt eine lapidare Sanierungsanordnung der Behörde an den Zustandsstörer.

Man könnte also sagen, Bürgerbeteiligung ist bei bewohnten Altlasten heute etwas ganz selbstverständliches geworden. Und zwar bei der Sanierungsfinanzierung. Sehen Sie hier einen aktuellen Fall im schwäbischen Fellbach. Dort sanieren 80 Käufer von Eigentumswohnungen artig die durch die frühere Reinigung Büsing vergiftete Bodenluft. Kosten bisher 460.000,– DM. Ende offen.

Oder hier dieser Fall aus Osnabrück: Die Firma Croon, auch eine chemische Reinigung, hat das Grundwasser bis in eine Tiefe von 40 Metern belastet. Den Kostenbescheid über die 450.000,– DM für die Erkundung des Schadens ist den Eigentümern bereits zugestellt. Aus der Neuen Osnabrücker Zeitung vom September letzten Jahres: „Dieses von der Stadt ausgelegte Geld werde Anfang nächsten Jahres den Eigentümern in Rechnung gestellt, da der frühere Firmeninhaber Bernhard Croon völlig mittellos in Hamburg lebe und der Verkäufer des Grundstücks, auf dem eine 17köpfige Eigentümergemeinschaft ein Mehrfamilienhaus mit 33 Mietparteien unterhält, abgetaucht sei. Daher müßten nach dem Niedersächsischen

Abfallbeseitigungsgesetz die neuen Eigentümer zur Begleichung herangezogen werden." Auch für die im März beginnende Sanierung der Grundwasserbelastung werden die Eigentümer herangezogen. Geschätzte Kosten dafür: 1,5 Millionen DM. Das Ende der Maßnahme ist auch hier offen.

Andere, wie die Internationale Bauausstellung Emscher-Park in Nordrhein-Westfalen geben sich ganz demokratisch: „Mitmischen, mitplanen, mitreden – 18 Beispiele für engagierte Bürgerbeteiligung" heißt eines der Themenhefte der IBA. Schöne demokratische IBA-Welt. Die IBA-Realität ist eine andere. Beispiel Wohn- und Gewerbepark Holland in Bochum: Dort hat die IBA Wohnungen für kinderreiche Familien errichtet. Die Altlasten im Bereich der Wohnbebauung wurden ausgebaggert. Doch die an die Wohnbebauung angrenzenden Areale der Brache blieben chemisch verseucht. Den kinderreichen Familien teilte die IBA aber keineswegs mit, daß es sich bei dem Gelände um Altlasten handelt. Das Gelände ist frei zugänglich und bietet so den vielen Kindern eine Abenteuerlandschaft der besonderen Art.

Vom Umgang mit Informationen

Bürgerbeteiligung hat etwas mit Demokratie zu tun, mit Transparenz und Ergebnisoffenheit. Alles Tugenden, mit denen der gewöhnliche Beamte im gewöhnlichen Amt nicht sonderlich gesegnet ist. Altlasten, so scheint es, tragen den Stempel Geheim, Geheim!

Dies belegt eine Umfrage, die ich gemeinsam mit einem Kollegen im Frühjahr 1995 für das Frankfurter Öko-Test-Magazin durchführte. Wir wollten wissen, ob und auch wie das damals seit einem Jahr gültige Umweltinformationsgesetz in deutschen Amtsstuben umgesetzt wird. Dazu haben wir Bürger in allen Umweltämtern der deutschen Städte und Landkreise Anfragen zur Trinkwasserqualität und zu Altlasten stellen lassen. Erschreckende Bilanz: 38 % der Behörden verstießen gegen das Gesetz und antworteten überhaupt nicht. Interessant ist die Aufschlüsselung nach Fragethemen: Bei den Altlastenfragen antworteten 42 % nicht, bei den Trinkwasserfragen 32 % – 10 % weniger. Genauso unterschiedlich war das Verhalten bei den Behördenvertretern, die sich bequemten, den Bürgern Informationen zu gewähren: Beim Thema Trinkwasser antworteten 34 %, bei den Altlasten 16 % – weniger als die Hälfte. Interessant auch die Zahlen bei den Auskunftsverweigerern in deutschen Ämtern: 8 % verweigerten bei den Trinkwasserfragen jede Auskunft, doppelt so viel, 16 %, waren es bei den Altlastenfragen.

Das hat nun sicherlich auch etwas mit der Verfügbarkeit von Daten zu tun, die zahlreichen Aktenordner über gemeldete Altlastenverdachtsflächen sind nicht im Computer erfasst, nicht ausgewertet und erst recht nicht bewertet. Doch ist das letztlich nur ein ohnmächtiges Vollzugsdefizit. In allen Bundesländern gibt es die Altlastenerfassungspflicht und in fast allen Bundesländern obliegt diese den Kommunen. Dieses Umfrageergebnis belegt eindrucksvoll, daß über den Altlasten ein Geheimstempel, ein Datenschutz-Stigma haftet. Wasser ist Allgemeingut, Boden ist in der Regel Eigentum.

Von der Dhünnaue in die Wüste

Natürlich ist es wichtig und notwendig, in allen Fällen den Datenschutz zu beachten. Doch darf dieser nicht als Deckmantel für fehlende Bürgerbeteiligung mißbraucht werden. Hier ist der Fall der Altlast Dhünnaue in Leverkusen vielleicht als Negativbeispiel gut zu zitieren. Es gibt sicherlich genügend andere, aber als ehemaliger Bewohner dieser Riesenaltlast kenne ich mich in diesem Fall sehr gut aus. Die Altlast Dhünnaue erblickte das Licht der Welt mit einem Donnerhall: Am 16.12.1987 erließ die Leverkusener Stadtverwaltung per Zeitung ein Betretungsverbot für Wiesen und Freiflächen in einem zentrumsnahen 25 ha großen Wohngebiet. Der Grund: Chemische Gifte wurden in ungeheuren Konzentrationen bis in die Spitzen der Gräser gemessen. Die Dhünnaue war jahrzehntelang die Müllkippe des multinationalen Bayer-Konzerns, in den fünfziger Jahren baute die Stadt darauf Wohnhäuser für mehr als 1000 Menschen. Nach der Zeitungsmeldung stellte die Stadt im gesamten Wohngebiet Schilder auf: „Betreten der Flächen außerhalb befestigter Wege verboten. Der Oberstadtdirektor." Mehr an sichtbaren Hinweisen auf verheerende Schäden an Boden, Wasser, Mensch und Tier befand die Stadt Leverkusen für überflüssig. Stattdessen begann sogleich die Bürgerbeteiligung nach Leverkusener Modell: Wer beim Wandeln auf den Wiesen im Wohngebiet erwischt wurde, mußte 20,– DM berappen, als erzieherisches Zwangsgeld.

Selbst im Haushaltsplan der Stadt tauchte dieses Zwangsgeld als Einnahmeposten auf. Eine andere Beteiligung, etwa an Entscheidungen hinsichtlich Sicherung der Altlast, gab es nicht.

Fünf Jahre lang ließ die Stadt die Bewohner so leben, bis sie die Wohnhäuser 1992 abriß: Fünf Jahre Angst um die Gesundheit, fünf Jahre Unsicherheit, Zäune, Bohrtrupps in Schutzanzügen unterm Wohnzimmerfenster und Wächter mit Notizblock, Gebührenbuch und Funkgerät: Bürgerbeteiligung in Leverkusen.
    Informationen über Untersuchungsergebnisse, Gutachten und so weiter waren weitestgehend Verschlußsache. Eine von uns als Initiative vorgetragene Bitte um Akteneinsicht lehnte der Ausschuß für Anregungen und Beschwerden mit folgender Begründung ab:

„Das Recht auf Akteneinsicht ist gesetzlich geregelt und kann durch Ratsbeschluß nicht erweitert werden. Abgesehen von datenschutzrechtlichen Belangen würde diese alle nicht geprüften und nicht abgewogenen Informationen beinhalten, sei es finanzieller, interner oder argumentativer Art."

Diese aus unserer Erfahrung sehr restriktive Informationspolitik verkauft die Stadt Leverkusen als erfolgreiches Beispiel von Bürgerbeteiligung. In der hier in diesem Kreise vielleicht auch bekannten Schriftenreihe „Hinweise zur Ermittlung und Sanierung von Altlasten" aus dem Ministerium für Umwelt, Raumordnung und Landwirtschaft des Landes Nordrhein-Westfalen taucht diese Stadt Leverkusen mit ihrer Altlast Dhünnaue und ihrer Informations-Verweigerungs-Politik als Positiv-Beispiel auf:

„Die im folgenden zusammengestellten Übersichten über die Fälle

- Leverkusen-Dhünnaue-Mitte,
- Hamburg-Billesiedlung und
- Essen-Altenbergsiedlung

sollen beispielhaft zeigen, durch welche Verknüpfung von Handlungsformen die jeweilige Kommune den Konsens mit den Betroffenen gesucht hat."

Das ist für die Betroffenen ein Schlag ins Gesicht. Ich möchte Ihnen deshalb auch aus unserer Sicht ein Positivbeispiel vorstellen: Die Altablagerung Wüste in Osnabrück. Der Stadtteil Wüste ist Deutschlands größte bekannte bewohnte Altlast – 18.000 Menschen leben hier auf gut 2,3 km^2 Müll. Bis September 1993 galt in Wüste eitel Sonnenschein – zentrumsnah und ruhig lebte hier jeder zehnte Osnabrücker. Erst dann bemerkten städtische Mitarbeiter schwarze Schichten aus Asche, Hausmüll und Glas in einigen Baugruben in Wüste. Schnell war klar: Die Wüste – ein altes Feuchtmoor-Gebiet – kippten Stadt und Gewerbetreibende in den 30iger Jahren mit Müll trocken. Die Stadt Osnabrück reagierte offensiv offen statt streng geheim. In jedem Briefkasten in Wüste steckten städtische Mitarbeiter Post: Neben ersten Informationen warb die Stadt um Mitarbeit. Im Projektbeirat Wüste sollte fortan demokratisch über das Vorgehen bei der Riesenaltlast diskutiert werden. Seit 1994 diskutieren und beraten jeweils 13 Vertreter der Bewohner und Multiplikatoren wie ein Kleingartenverein, Haus und Grund und ein Bürgerverein mit 13 Vertretern aus Politik und Verwaltung alle Schritte zur Bewältigung der Riesenaltlast. Siebenmal verteilte die Stadt seitdem Broschüren zum aktuellen Wissensstand an alle Haushalte in der Wüste. Dazu kommt: Statt in meterdicken Aktenbergen versteckt liegen die Gutachten verständlich zusammengefaßt bei der Stadt bereit: Sozusagen „Wissenschaft light" für jeden interessierten Bürger. Den Datenschutz, in anderen Altlastenfällen – wie geschildert auch in Leverkusen – das Totschlagargument gegen informationshungrige Bürger, beachten die Osnabrücker dabei. Anonymisiert sind alle Untersuchungsergebnisse jedem Bürger zugänglich. Die kompletten grundstücksbezogenen Daten sind nur den Mitgliedern des Beirates zugänglich, der sich selber zu Verschwiegenheit verpflichtet hat.
    Daran kann man erkennen: Wenn Politik und Verwaltung offen sind für demokratische Verfahren, werden keine Totschlagargumente benötigt.
    Am Beispiel der Bürgerbeteiligung in der Wüste kann man aber auch erkennen, daß solche demokratischen Prozesse völlig vom jeweiligen politischen Spektrum abhängen. Auch in Osnabrück: Dort regierte 1994 – als das Problem aufkam – rot/grün und diese Konstellation hat auch die Kommunalwahl im letzten Jahr überstanden. Ansonsten wäre die Bürgerbeteiligung in der Wüste längst Geschichte.

Von der Arroganz der Macht

Das kann so nicht richtig sein – Demokratie benötigt feste Strukturen und Rahmenbedingungen. Gesetze eben. Denn zwischen Politik und Verwaltung existiert ein strukturelles Problem: Eine Trennung ist häufig gar nicht mehr zu vollziehen. Diese ungeheure Allianz zeigt folgendes fiktives Beispiel in einer mittelgroßen Gemeinde aus den siebziger Jahren:

Die ortsansässige alte Teerpappenfabrik machte vor zwei Jahren pleite, das Gelände liegt seitdem brach. Städtebaulich eine Schande. Und: die Lage des Geländes ist günstig. Eilig wird ein Bebauungsplan aufgestellt und durch den zuständigen Baudezernenten und den Rat der Stadt genehmigt. Die Grundlage einer jeden Baugenehmigung ist das Baugesetzbuch. Dort steht, daß „bei der Aufstellung von Bebauungsplänen, die allgemeinen Anforderungen an gesunde Wohn- und Arbeitsverhältnisse und die Sicherheit von Wohn- und Arbeitsbevölkerung besonders zu berücksichtigen sind".

Ein Zeitsprung: Drei Jahre später sind die Häuser im ersten Bauabschnitt bezugsfertig, und im Bauabschnitt zwei werden gerade die ersten Baugruben ausgehoben, Ein Siedler bemerkt: Aus seiner Baugrube stinkt es übel. Organische Dämpfe steigen auf und der Boden ist zum Teil ölig-schwarz verfärbt. Der Siedler wendet sich an das zuständige Amt mit der Bitte um Beseitigung der öligen Rückstände.

An dieser Stelle beginnt das strukturelle Problem: Die Siedlung ist jetzt eine Altlastverdachtsfläche. Zuständig für die Untersuchung, Erfassung und Beseitigung von Altlasten ist das Tiefbauamt. Der Dienstvorgesetzte des Tiefbauamtes ist der gleiche Baudezernent, der seinerzeit die Bebauung der Brache genehmigte Diese Personalunion macht einen objektiven Umgang mit dem Problemfeld Altlasten fast unmöglich. Es ist dringend eine unabhängige Stelle erforderlich, die im Bereich der Altlastenbewältigung alle Fäden in der Hand hält – bei gleichzeitiger transparenter und demokratischer Abwicklung des Verfahrens.

Wir nennen diese zu schaffende Institution den Altlasten-Beauftragten.

Der Altlasten-Beauftragte

Sie müssen sich den Altlasten-Beauftragten ganz ähnlich vorstellen, wie den Datenschutz-Beauftragen: Unabhängig – und das ist ganz wichtig.

Die Kontrolle des Altlasten-Beauftragten erfolgt durch das Parlament, dem er in regelmäßig Bericht erstatten muß. Ansonsten ist er nur dem Gesetz unterworfen.

Er bekommt die Befugnis, anderen Behörden Weisungen zu erteilen. Die Entscheidungen unterliegen der gerichtlichen Überprüfung und sind ständig transparent zu machen.

Der Altlasten-Beauftragte beginnt seine Tätigkeit, wenn sich ein begründeter Altlastenverdacht einstellt. Er muß per Gesetz jeder Meldung eines Verdachts nachgehen und hat darüber Akten zu führen. Der Altlasten-Beauftragte ist für die Betroffenen die zentrale Anlaufstelle. Er führt die juristischen Auseinandersetzungen zur Durchsetzung der Verursacherhaftung und tritt für alle bei der Altlastenbearbeitung entstehenden Kosten in Vorleistung.

Der Altlasten-Beauftragte ist zur Ermittlung des Sachverhaltes verpflichtet. Hierzu muß er sämtliche verfügbaren Informationen (Zeitzeugen) heranziehen. Zur Bewertung muß der Altlasten-Beauftrage die unmittelbar Beteiligten anhören und bei der Abwicklung beteiligen. Sodann fällt er die Entscheidung über den

Sachverhalt: Ist die Fläche – nach gründlicher Überprüfung auf dem jeweils aktuellsten Erkenntnisstand der Toxikologie – keine Altlast, kann sie aus dem Altlastenkataster entfernt werden. Handelt es sich um eine Altlast, wird ein Altlasten-Beirat gegründet, dem folgenden Gruppen angehören:

Betroffene: Alle Be- und unmittelbaren Anwohner der Altlast. Dazu zählen auch alle, deren Belange durch die Altlast oder ihrer Bewältigung berührt sind. Daraus ergibt sich, daß der Kreis der Betroffenen im Zeitverlauf veränderlich ist. Im Zweifel entscheidet der Altlasten-Beauftragte durch einen beschwerdefähigen Beschluß.

Vertreter der Öffentlichkeit: Hierher gehören die gewählten Politiker der jeweiligen örtlich beteiligten Gebietskörperschaften in der Anzahl der dort vertretenen Fraktionen.

Vertreter der Umweltbelange: Alle Verbände, die im Bereich Umweltschutz als anerkannt gelten. Sie vertreten personenunabhängig die Belange der Umwelt.

Der Altlasten-Beauftragte: Er, bzw. sein örtlicher Vertreter, leitet das Gremium koordinierend.

Der Beirat sollte ähnlich einer Eigentümerversammlung nach dem Wohnungseigentumgesetz funktionieren. Der Altlasten-Beirat bearbeitet chronologisch folgenden Ablaufplan:

Weitere *Erkundung* und abschließende *Gefährdungsabschätzung*, *Bewertung* der Ergebnisse, Aufstellen eines *Sanierungsplans*. *Kontrolle* der beschlossenen Maßnahmen, *Qualitäts- und Abschlußkontrolle*.

Beim Verfahrensablauf gilt grundsätzlich: Die Zusammenkünfte sind öffentlich und jeder Interessierte hat ein Anhörungsrecht. Die Stimmrechte liegen jedoch ausschließlich bei den Beirats-Mitgliedern. Der Altlasten-Beauftrage setzt die Beschlüsse des Beirates um.

Ist eine Fläche als Altlast festgestellt, kann jeder Be- oder Anwohner einen Antrag auf Umsiedelung beim Altlasten-Beauftragten stellen. Damit tritt ein besonders festzuschreibender Mechanismus in Kraft, welcher den Ablauf des Verfahrens eindeutig regelt.

Der Vorteil der Institution des Altlasten-Beauftragen mit gesetzlich fixiertem Arbeitsauftrag und geregeltem Arbeitsablauf des Beirats ist klar: Der Altlasten-Beauftragte ist unabhängig, demokratisch kontrolliert und legitimiert und dem Gesetz verpflichtet. Frei von kommunalen Vorteilsnahmen und politischen Seilschaften kann so die Altlast nach wissenschaftlich anerkannten und nachvollziehbaren Kriterien beurteilt werden. Gesetzlich geregelte Abläufe verhindern, daß Altlastenbearbeitungen immer wieder neu zu unendlichen Geschichten werden. Die im Beirat beteiligten Betroffenen sind durch die Möglichkeit, die Altlast jederzeit verlassen zu können, wesentlich weniger emotionsvoll. Sachliche Auseinandersetzung kehrt ein. Die Entscheidungen sind im Konsens getroffen und werden daher von allen Beteiligten getragen. Die ständige Präsenz des Altlastenbeirats und die unabhängige Kompetenz des Altlasten-Beauftragten lassen hoffen, daß so für die vielen unterschiedlichen Altlasten jeweils optimale Lösungsformen entwickelt werden können.

Vom lieben Geld

Gute Lösungen kosten Geld. Daher ist zu fragen, woher – wenn nicht wie üblich von der öffentlichen Hand, die ja auch ziemlich pleite ist – woher soll das Geld für ein solches Modell kommen. Denn üblicherweise ist kein Verursacher einer Altlast zu finden, und selbst wenn, wird er sich mit allen Mitteln aus der Verantwortung zu winden wissen.

Besinnen wir uns auf den gesamtgesellschaftlichen Aspekt der Altlasten: Zwei Jahrhunderte Industrialisierung und Fortschritt sind deutliche Zeichen dafür, daß die Lösung des Altlastenproblems eine Aufgabe der Solidargemeinschaft ist:

Alle Menschen in Deutschland haben von der ungehemmten Vergiftung von Boden und Umwelt profitiert, sei es durch materiellen Gewinn oder durch den gehobenen Lebensstandard. Es ist Zeit, auch die Kehrseite von Fortschritt und Wohlstand zu solidarisieren. Ähnlich wie bei der Gesundheitsversorgung durch eine Krankenversicherungspflicht oder wie bei einer Gebäudeversicherung gegen Schäden durch Sturm, Wasser und Feuer müssen die Altlastenrisiken versicherungspflichtig werden. Genauso wie Sturm-, Wasser- oder Feuerschäden jeden treffen können, ist es ein Allgemeinrisiko auf oder an einer Altlast zu wohnen. Bei 190.000 erfassten und mehr als 250.000 geschätzten Altlastenverdachtsflächen im vereinten Deutschland läßt sich mit gutem Grund von Allgemeinrisiko Altlast sprechen.

Für die Versicherungen kann die „Altlastenversicherung" genauso gut ein Geschäft sein, wie die Katastrophenschutzversicherung. Die zur Altlastenbewältigung notwendigen Finanzmittel können über einen Rückversicherungspool bereitgestellt werden. Zum Ausgleich sollten alle Ausgleichsansprüche gegen Verursacher auf die Versicherungen übergehen. Wie bei jeder umlagefähigen Versicherungsprämie können Mieter und sonstige Nutzer der Bodenflächen in die Mit-Verantwortung gezogen werden.

Insgesamt wäre wahrscheinlich ein umwelterzieherischer Effekt sichtbar: Die Versicherungen würden für höheres Risiko höhere Prämien verlangen und mit Vehemenz nach Verursachern fahnden. Solche Möglichkeiten hat weder der Privatmensch noch die öffentliche Hand.

Ein wichtiger Unterschied zu anderen Versicherungen: Die „Altlasten-Versicherung" darf nicht steuerlich abschreibefähig sein. Denn dann wird die finanzielle Belastung wieder auf die öffentliche Hand verlagert.

Vom Risiko Eigentum

Zum Schluß möchte ich insbesondere den Vertretern von Kommunen unter Ihnen eine Broschüre vorstellen, die der Bund für Umwelt und Naturschutz Deutschland, der BUND, herausgegeben hat. Sie trägt den Titel „Risiko Eigentum – Augen auf beim Grundstückskauf" und soll Eigentümern helfen, nicht in die Altlastenfalle zu laufen. Diese Broschüre hat der BUND bereits mehr als 12.000 mal verkauft, das belegt eindrucksvoll, daß für solche Informationen erheblicher Bedarf vorhanden ist. Gerade auch durch die aktuelle Verabschiedung des Bundes-Bodenschutz-gesetzes ist der Dämon der Zustandsstörerhaftung nun bundesweit in voller Härte aktiv. Die Begrenzung der Haftung auf den Verkehrswert des Grundstücks, die im Gesetzestext der Bundesregierung enthalten war, wurde im – übrigens nichtöf-fentlichen – Vermittlungsverfahren ersatzlos gestrichen. Das hat zur Folge, daß auch die Haftungsbefreiung im hessischen Altlastengesetzes nichtig ist. Denn Bundesrecht bricht Landesrecht. Bestellen Sie die Broschüre beim BUND und geben Sie allen ratsuchenden Bürgern ein Exemplar mit nach Hause. Vielleicht hilft das ja, künftig einige bewohnte Altlasten mit all den hier ansatzweise ge-schilderten Konflikten zu vermeiden.

Internationale Erfahrungen bei der Sanierung bewohnter Altstandorte am Beispiel USA

HEATHER L. BLACK
KAI STEFFENS
MARK HAMPTON

Zuständigkeiten für die Altlastenbearbeitung

Die aus deutscher Sicht wesentlichen Charakteristika hinsichtlich der Zuständigkeiten und Rechtsgrundlagen in Bezug auf die Altlastenbearbeitung in den USA sind durch die landesweite Zuständigkeit von Bundesbehörden geprägt. Mit der sog. „Superfund"-Gesetzgebung (CERCLA/SARA) ging die behördliche Zuständigkeit für Altlastenbearbeitungen bundesweit auf die Dienststellen der U.S. EPA über. Ausgenommen sind militärisch genutzte Standorte und Gelände, die dem Energieministerium (DoE) unterstehen. Das Verteidigungsministerium (DoD) ist für die militärisch genutzten Standorte zuständig, zu denen auch Einrichtungen der Rüstungsproduktion gehören. Die seitens der genannten Regierungsdienststellen bearbeiteten Altlastenfälle werden nach jeweils einheitlichen Regeln abgewickelt, deren Grundzüge auf die von der U.S. EPA entwickelten Abläufe zurückgehen. Die gesetzlichen Grundlagen und die Abläufe der Altlastenbearbeitung sind in Kapitel 2 detaillierter dargestellt.

Es sei bereits hier darauf hingewiesen, daß die jeweils vorgeschriebenen Abläufe zwingend einzuhalten und einklagbar sind. Bei Fällen von Ersatzvornahmen mit anschließender Inanspruchnahme von Sanierungspflichtigen hat die U.S. EPA nachzuweisen, daß angemessen und wirtschaftlich gehandelt wurde. Weitere Informationen, die die Situation in den USA aus der deutschen Perspektive beleuchten, sind enthalten in BMBF 1995 und BMBF 1997.

Grundlagen der Altlastensanierung in den USA

Altlastenbearbeitung durch das U.S. Army Environmental Center

Am 5. Februar 1993 wurde die U.S. Army Toxic and Hazardous Materials Agency in U.S. Army Environmental Center (USAEC) umbenannt. Diese Umstrukturierung war Ausdruck der gestiegenen Bedeutung von Fragen des Umweltschutzes im militärischen Bereich. Das USAEC befindet sich in Edgewood, Maryland auf dem Aberdeen Proving Ground und bearbeitet in enger Zusammenarbeit mit den Leitungsebenen der Army und dem U.S. Army Corps of Engineers Umweltschutzfragen auf Standorten der U.S. Army.

Das ursprüngliche Mandat war die Sanierung in Betrieb befindlicher Einrichtungen der Army. Heute hingegen decken die Aktivitäten alle Bereiche des Umweltschutzes ab, inklusive der Sanierung aufgegebener Standorte. Intensive Anstrengungen gelten der Erprobung neuer Umwelttechniken und dem Transfer der entsprechenden Erkenntnisse.

Die Umweltschutzstrategie der U.S. Army für das 21. Jahrhundert umfaßt die folgenden Schwerpunkte: Erfüllung von Auflagen, Sanierung, Vorsorge und Schutz. Dabei werden von den ca. 200 Mitarbeiterinnen und Mitarbeitern des USAEC u. a. Geländeuntersuchungen, Grundwasseruntersuchungen, Prüfungen von Umweltschutzanforderungen, Einführungen neuer Probenahmetechniken durchgeführt.

Das Umweltsanierungsprogramm des U.S. Verteidigungsministeriums (DERP, Defence Environmental Restoration Program) stellt Mittel für die Sanierung betriebener und ehemaliger Militärliegenschaften bereit. Es umfaßt als Hauptpunkte das Sanierungsprogramm für Liegenschaften (IRP, Installation Restoration Program) und das Programm zur Sanierung und Schließung von Stützpunkten (BRAC, Base Realignment and Closure). Im Rahmen des Sanierungsprogrammes IRP (Start: 1975) werden vorrangig die kontaminierten Standorte auf noch in Betrieb befindlichen Militärliegenschaften saniert, die eine Gefährdung für die menschliche Gesundheit darstellen, weiteres Ziel ist die Erfüllung der geltenden Umweltauflagen. Dabei sind die vorgeschriebenen Abläufe weitgehend an die Vorgaben der Superfund-Regeln angelehnt (vergl. Kap. 2.2).

Die für das Program-Management zuständige Stelle ist die Environmental Restoration Division and Oversight Division (ERD). Sie führt die technische und kaufmännische Aufsicht und schreibt die Programmplanung nach den Vorgaben des IRP Management Plans im Rahmen des IRP Action Plans fort, in dem alle Maßnahmen jahresübergreifend dargestellt sind.

Analog zu dem in Kapitel 2.3 erläuterten Vorgehen auf den Superfund-Standorten wird auch auf den Liegenschaften des Verteidigungsministeriums eine einheitliche Bewertung des Gefährdungspotentials von Kontaminationen vorgenommen. Diese Bewertung (RRSE, Relative Risk Site Evaluation) zielt darauf ab, die Standorte mit dem größten Gefährdungspotential mit Vorrang zu bearbeiten.

Rechtliche Grundlagen

Die generelle Vorgehensweise bei der Altlastensanierung in den USA wird eindeutig durch das Superfund-Programm geprägt. Neben dem Superfund-Programm gibt es jedoch in den einzelnen Bundesstaaten eigene Regelungen, deren inhaltliche Anforderungen teilweise über die zentrale Superfund-Gesetzgebung hinausgehen.

Als Superfund wird das Ende 1980 vom Kongreß verabschiedete Bundesgesetz „CERCLA" („Comprehensive Environmental Response, Compensation and Liability Act" = „Zusammenfassendes Gesetz für Umweltschutzmaßnahmen, Entschädigung und Haftung") zur Sanierung von Altlasten bezeichnet, das nicht nur die Finanzierung über den Superfund-Fond regelt, sondern eine rechtlich eindeutige Gesamtkonzeption zur Bewertung und Sanierung von Altlasten darstellt. Die Finanzierung des Superfund (1980–1994: 15,2 Mrd. US$) wurde anfangs hauptsächlich durch Steuern auf Rohöl und bestimmte organische und anorganische Chemikalien gespeist.

Als Ergänzung der Superfund-Gesetzgebung wurde das „Superfund Amendments and Reauthorization Act" („SARA") im Jahre 1986 verabschiedet. Die wichtigsten Auswirkungen von SARA sind neben einer Erweiterung der finanziellen Ressourcen u. a. die Überarbeitung und Verbesserung des Hazard Ranking System („HRS", Dezember 1988) und die Aufforderung an die EPA, ein Forschungs- und Demonstrationsprogramm für alternative oder innovative (Altlasten) Behandlungstechnologie zu entwickeln. Die EPA hat daraufhin das „SITE-Program" („Superfund Innovative Technology Evaluation") geschaffen, das die Entwicklung und Verbreitung innovativer Sanierungstechnologien fördert. Diese und weitere Verbesserungen des ursprünglichen Ansatzes durch die Gesetzesnovelle sind abgeleitet aus den Erfahrungen der Anfangsjahre mit CERCLA.

Die wesentlichen Forderungen aus SARA lauten zusammengefaßt:

- die Auswahl von Sanierungsverfahren ist zu verfeinern:
- grundlegende Sanierungsziele müssen den einschlägigen oder wichtigen und angemessenen Regelwerken („Applicable or Relevant and Appropriate Regulations" = ARARs) des Bundes und der Bundesstaaten entsprechen,
- die Anwendung dauerhaft wirksamer Sanierungsverfahren und innovativer Behandlungstechniken ist zu fördern,
- die staatliche Beteiligung bei der Einleitung, Entwicklung und Auswahl von Sanierungsmaßnahmen ist zu betonen,
- die Öffentlichkeitsbeteiligung ist zu verstärken,
- die Sicherungsbefugnisse sind zu erweitern,
- die Aspekte des Schutzes der öffentlichen Gesundheit sind zu betonen,
- die Forschungs- und Ausbildungsmaßnahmen sind erheblich auszubauen,
- die Verantwortlichkeiten anderer Bundesbehörden sind zu betonen,
- die Exekutivorgane und ihre Kompetenzen sind zu stärken,
- der Notfallbereitschaft des Staates und der Öffentlichkeit sowie den Informationsmöglichkeiten der Öffentlichkeit ist größere Aufmerksamkeit zu widmen.

Neben der bereits erwähnten, verstärkten Förderung innovativer Technologien im SITE-Program ist die Vorgabe zu betonen, daß im weiteren Vorgehen Maßnahmen zur Behandlung der Kontaminationen gegenüber Sicherungen oder der Deponierung zu bevorzugen sind. Damit wurde die deutliche Betonung auf Technologien zur Minderung des Volumens, der Toxizität und/oder der Mobilität von Verunreinigungen gelegt.

Während in den ersten Jahren des Superfund-Programmes die Regierungen von Bundesstaaten an den Sanierungsmaßnahmen nur informell beteiligt wurden, gab SARA die verbindliche Vorgabe, nunmehr für eine umfangreiche und sinnvolle Mitarbeit der Bundesstaaten zu sorgen. Neben der Mitarbeit bei allen Stufen des Superfund-Prozesses tragen die Bundesstaaten jedoch auch die Verantwortung dafür, daß ausreichende Deponiekapazitäten bereitstehen. Diese können (für das zu erwartende Sonderabfallaufkommen der nächsten 20 Jahre) entweder auf dem Gebiet des Bundesstaates oder durch Abkommen mit anderen Staaten nachgewiesen werden.

Ein Novum stellt die durchgehende Verstärkung der Öffentlichkeitsbeteiligung im Superfund-Prozeß dar. Die EPA hat sowohl die Gemeinden zu beteiligen als auch eine öffentliche Diskussion der Sanierungspläne zu fördern. Eine abschließende Zusammenfassung der Kommentare der Öffentlichkeit ist obligatorisch. SARA sieht außerdem für jede Person das Recht vor, die Einhaltung der in CERCLA festgelegten Normen, Bestimmungen, Bedingungen, Anforderungen oder Anordnungen zivilrechtlich einzuklagen.

Zum Zeitpunkt September 1997 befanden sich mehr als 1200 Altlasten auf der National Priority List (NPL), die als Ergebnis eines einheitlichen Hazard-Ranking-Systems (HRS) eine Rangliste der Altlasten nach der Erheblichkeit ihres Gefährdungspotentials darstellt.

Für die Verlängerung des Superfund-Programms von 1992–1994 stellte der amerikanische Kongreß Ende 1990 einen Betrag von 5,1 Milliarden Dollar zur Verfügung. Eine Neuauflage/Verlängerung der Superfund-Gesetzgebung ist in Aussicht gestellt.

Bezüglich der Superfund-Gesetzgebung sind die folgenden Fakten als charakteristisch besonders hervorzuheben:

- Klar gegliederte Abläufe bei der Herangehensweise und der Durchführung der Altlastensanierung.
- Ausführliche Vorschriften zur Dokumentation der Arbeitsschritte, der Ergebnisse und des Hintergrundes von Entscheidungen z.B. bezüglich der Auswahl von Technologien.
- Detaillierte Qualitätskontrolle von der Probenahme bis zur Sanierungsüberwachung. Qualitätssicherungsprogramme, die fallbezogen in 4 Ausführlichkeitskategorien zu entwickeln sind („Quality Assurance Project Plans").
- Verbindliche Vorgaben zur Langzeitüberwachung von sanierten Altlasten.
- Regelungen zur Beteiligung und Information der Öffentlichkeit bei der Planung, Durchführung und dem Abschluß der Sanierung.
- Die Erstellung einer nationalen Prioritätenliste, die den dringendsten Fällen Priorität bei der Mittelzuweisung einräumt („worst sites first").

Durchführung des Superfund-Programms

Das Superfund-Programm setzt die Vorgaben des CERCLA um, wobei die technischen Regularien im „National Oil and Hazardous Substances Contingency Plan" (NCP) niedergelegt sind. Diese beiden Regelwerke bilden den Rahmen für die Identifizierung, Einschätzung und Sanierung von Altstandorten. Zum Status und zum Inhalt des NCP sei hier auf das Kapitel 2.4 verwiesen.

Die Bearbeitungsschritte der Altlastenverdachtsflächen im Laufe des Superfund-Prozesses lauten wie folgt:

- Standorterfassung
- Ersteinschätzung
- Klassifizierung des Risikos („Hazard Ranking")
- Prioritätensetzung (Nationale Prioritäten Liste, „NPL")
- Detaillierte Geländeuntersuchung
- Machbarkeitsstudie
- Gefährdungsabschätzung

- Festlegung und Dokumentation der Zielsetzung
- Alternativenprüfung
- Vorlage eines Sanierungsplanentwurfes (PP, Proposed Plan)
- Öffentlichkeitsbeteiligung
- Dokumentation der Entscheidungen (ROD, Record of Decisions)
- Sanierungsplanung
- Ausführung der Sanierung
- Wartung und Überwachung
- Periodische Neubewertung der Sanierungsergebnisse
- Löschung des Projektes auf der Prioritätenliste

Durch die Neuautorisierung und Verlängerung des Superfunds 1986 durch das „Superfund Amendments and Reauthorization Act" (SARA) wurde die U.S.EPA in die Lage versetzt, den nationalen Ansatz zur Problemlösung vertiefend zu bearbeiten. Die amerikanische Bundesregierung ist damit autorisiert, nicht kontrollierte Altstandorte und daraus resultierende Schadstofffreisetzungen zu bearbeiten und diese Bearbeitung im Zuge der Ersatzvornahme zu finanzieren.

Analog zu dem oben dargestellten Vorgehen auf den Superfund-Standorten wird auch auf den Liegenschaften des Verteidigungsministeriums eine einheitliche Bewertung des Gefährdungspotentials von Kontaminationen vorgenommen. Diese Bewertung (RRSE, Relative Risk Site Evaluation) zielt ebenfalls darauf ab, die Standorte mit dem größten Gefährdungspotential mit Vorrang zu bearbeiten.

Ist ein kontaminierter Standort auf die NPL gesetzt worden, erfolgt die Finanzierung der Bearbeitung über den Superfund. Die CERCLA Gesetzgebung gibt der EPA dabei die Möglichkeit, auf drei verschiedene Weisen auf die Bedrohung der menschlichen Gesundheit und der Umwelt durch die Freisetzung von gefährlichen Substanzen zu reagieren:

Die Bearbeitung nach den Vorgaben des NCP findet im *Removal Program* („Sofortprogramm"), im *Remedial Program* („Sanierungsprogramm") oder im *Enforcement Program* („Exekutivprogramm") statt. Das Sofortprogramm beschäftigt sich mit aktuell bestehenden Risiken, während das Sanierungsprogramm Projekte mit potentiell langfristigem Risikopotential bearbeitet. Das Exekutivprogramm zieht Sanierungspflichtige zur Bearbeitung eines Schadenfalles heran und treibt der U.S.EPA im Rahmen von Ersatzvornahmen entstandene Kosten soweit wie möglich wieder ein.

Removal Program

Das Removal Program (Abbildung 0–1), dient als Basis für schnell durchzuführende Maßnahmen der *sofortigen* Gefahrenabwehr, z.B. bei Schäden durch ausfließende Chemikalien, durch Feuer oder die illegale Ablagerung toxischer Substanzen („midnight dumping"). Das Removal Program unterscheidet dabei zwischen zeitunkritischen Maßnahmen („non-time-critical-removals") und Sofortmaßnahmen, die nicht aufschiebbar sind („emergency- and time-critical-removals") bzw. bei denen innerhalb von 6 Monaten gehandelt werden muß. Als typische Removal-Aktionen lassen sich folgende Maßnahmen definieren: Ausgraben, Abpumpen, Installation von Barrieren, Anlage einer behelfsmäßigen Wasserversorgung oder zeitweilige Umsiedlung von Bewohnern. Das Ziel des Removal

Programs ist es also, unmittelbaren Bedrohungen durch schnelle, zeitlich begrenzte Aktionen zu begegnen. Der Gesetzgeber verbietet Removal-Aktionen, die länger als 1 Jahr dauern und teurer als 2 Mio. US$ sind. Diese Fälle und z. B. großflächige Grundwasserverunreinigungen, die eine mehrjährige Sanierung erfordern, werden im Remedial Program saniert.

Das Removal Program besteht aus vier Phasen:

1. Erfassung
2. Bewertung und Planung
3. Sanierungsaktivitäten
4. Projektabschluß

Remedial Program

Das Remedial Program (Abbildung 0–2) ist am ehesten mit den in der Bundesrepublik Deutschland üblichen Sanierungsplanungen und Sanierungsabläufen zu vergleichen. Im Gegensatz zur in der bundesdeutschen Praxis anzutreffenden Vorgehensweise ist es jedoch mit bundesweiter Gültigkeit klar gegliedert und mit eindeutigen Regeln zum Ablauf und zur Dokumentation versehen. Es wird durch die amerikanische Bundesregierung oder eine Staatsregierung durchgeführt. Ebenso ist die Durchführung von Projekten durch private Sanierungsverpflichtete möglich. Durch das landesweit einheitliche Prioritäten-System („National Priorities List, NPL") wird festgelegt, welche Projekte mit Vorrang zu bearbeiten sind.

Der Dokumentation kommt bei der Bearbeitung auch aus haftungsrechtlichen Gründen eine zentrale Bedeutung zu. Die U.S. EPA tritt in den Fällen in Ersatzvornahme, in denen die Sanierungspflichtigen nicht eindeutig festzustellen sind, nicht zahlungsfähig sind, oder erst gerichtlich festzustellen sind. Die der U.S.EPA für Sanierungsmaßnahmen entstandenen Kosten werden später bei den Sanierungspflichtigen eingeklagt. Die U.S.EPA trägt dann die Beweislast zu zeigen, daß:

- angemessen reagiert wurde,
- fachlich korrekt gearbeitet wurde und
- nach dem Stand der Technik vorgegangen wurde.

Das die Arbeit im Remedial Program setzt ein, wenn eine Altlastenverdachtsfläche nach der Ersteinschätzung („PA, Preliminary Assessment") und einer nachfolgenden Standortuntersuchung („SI", „Site Investigation") auf die NPL gesetzt wurde. Der nächste Schritt, als „RI/FS" (*„Remedial Investigation/Feasibility Study"*) bezeichnet, besteht aus einer Sanierungsuntersuchung und einer Machbarkeitsstudie. Im Rahmen dieser Studie werden Vorgehensalternativen für die Sanierung geprüft. Die Prüfung schließt immer die Betrachtung der Alternativen „Umschließung" und „Untätigkeit" (= „Null-Variante") ein.

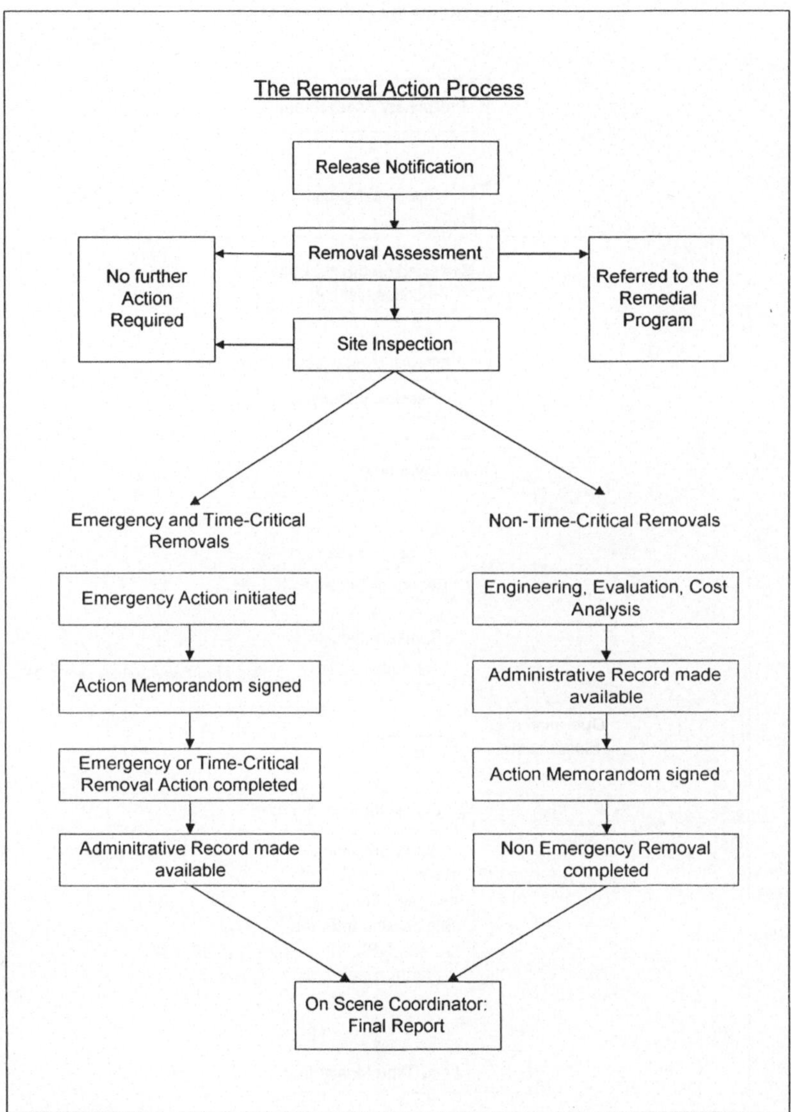

Abbildung 1: Übersicht über das Removal Program

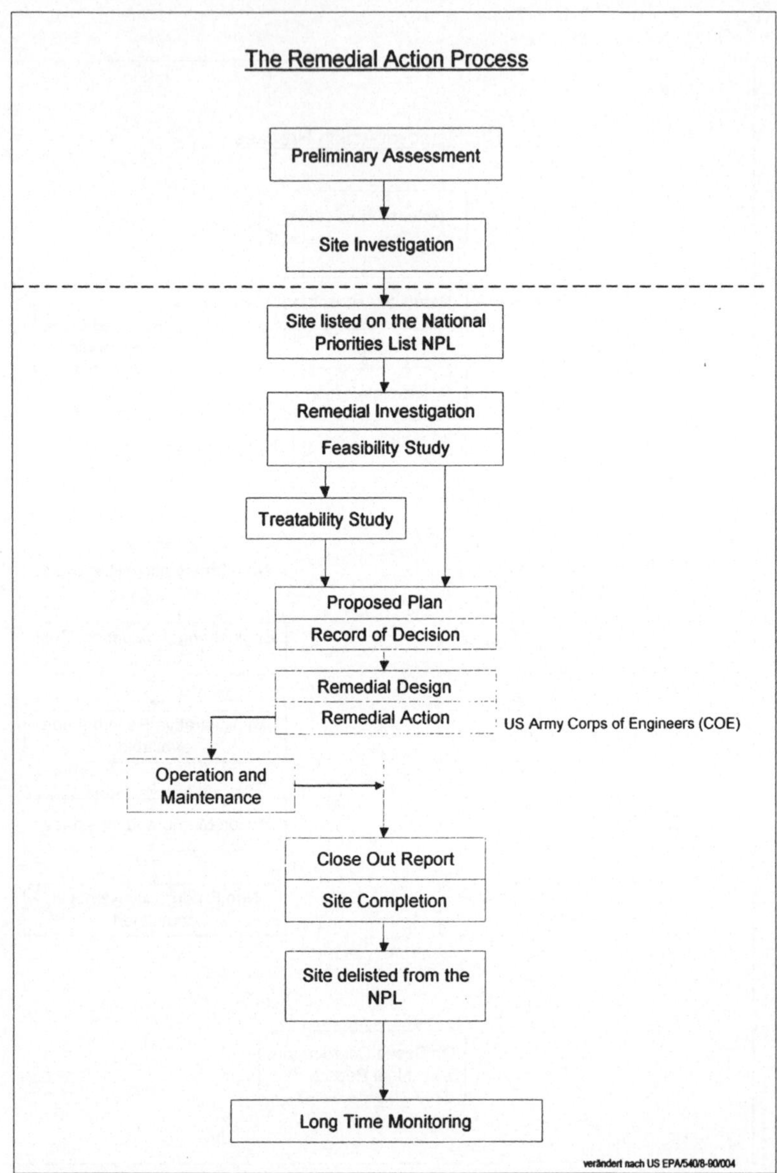

Abbildung 2:   Übersicht über das Remedial-Program

Zu berücksichtigende Aspekte bei der detaillierten Analyse in der Alternativenprüfung (FS, Feasibility Study) sind:

1. Genereller Schutz der menschlichen Gesundheit und der Umwelt,
2. Einklang mit anwendbaren bzw. gültigen Anforderungen (Gesetzen),
3. Langzeiteffektivität,
4. Reduzierung der Toxizität, Mobilität und des Volumens durch die Behandlung,
5. Kurzzeiteffektivität,
6. Durchführbarkeit,
7. Kosten,
8. Akzeptanz durch die Regierung bzw. die zuständige Behörde des jeweiligen
   Bundesstaates und
9. Akzeptanz in der Öffentlichkeit.

Der RI/FS Report führt zur Auswahl des oder der Sanierungsverfahren („Remedial
Selection") und dient als Grundlage für das Dokument über die getroffenen Entscheidung („Record of Decision", „ROD"). Dieses offizielle, rechtsgültige Dokument beschreibt in genau definierter und zusammenfassender Weise das Gefah-
renpotential der Altlasten, die Sanierungsalternativen und den Entscheidungspro-
zeß, der zu der Auswahl der Sanierungstechnologie geführt hat. Ferner sind die
Einsprüche und Anregungen der Öffentlichkeit gegenüber den geplanten Maßnahmen (proposed plan) und der RI/FS Teile dieses Dokuments.

Der ausgewählte Sanierungsweg wird im technischen *Sanierungsplan („RD,
Remedial Design")* in Planungsentwürfe und Bauzeichnungen umgesetzt und
abgestimmt. Nach der Fertigstellung wird der technische Sanierungsplan dem US
Army Corps of Engineers (COE) übergeben, das die Ausschreibungen der Baulei-
stungen durchführt und überwacht. Die EPA wird von einem „Remedial Project
Manager" („RPM") vertreten, der die erforderlichen Leistungen in Auftrag gibt.

Die Wartung und Überwachung des dekontaminierten Standortes nach dem
Abschluß der Sanierung wird im Ablaufschema der Remedial Action als „Opera-
tion and Maintenance" („O + M") bezeichnet. Typische Überwachungstätigkeiten
sind das Beproben von GW-Beobachtungsbrunnen oder die Fassung und Behandlung von Grund- und Sickerwasser.

Nach Beendigung der Sanierung wird ein Schlußdokument erstellt, der *„Close
Out Report"*.

Dieser Bericht beinhaltet u. a. die:

- Zusammenfassung der Standortdaten
- Dokumentation der Qualitätskontrolle während der Sanierung
- Dokumentation des Erreichens des Sanierungsziels
- Zusammenfassung der Überwachungsaktivitäten (O + M)

Nach den Richtlinien der EPA („Procedures for Completion and Deletion of National Priorities List Sites", 1988) werden NPL Standorte nach dem Ende der
Sanierung in zwei Kategorien eingeteilt. Entweder wird das Sanierungsvorhaben
für beendet erklärt oder in den Fällen, in denen gefährliche Substanzen am Ort
verblieben sind, als Langzeit-Aktionsfall („Long Term Response Action") definiert, der eine kontinuierliche on-site Aktivität erfordert. Im zuletzt genannten Fall
muß nach CERCLA 121 (c) mindestens alle 5 Jahre eine Überprüfung erfolgen,

ob die gesetzten Sanierungsziele erreicht worden sind. Auch sanierte Standorte, die ursprünglich mit weniger strikten Sanierungszielen für dekontaminiert erklärt wurden, müssen nach SARA erneut überprüft werden. Von der NPL können sanierte Standorte gestrichen werden, wenn in übereinstimmender Bewertung der EPA und des betroffenen Bundesstaates keine Gefahr mehr von der Altlast ausgeht, der regionale Administrator der EPA den Close Out Report gebilligt hat, alle beteiligten lokalen, regionalen und überregionalen Behörden informiert wurden und die Öffentlichkeit ein Einspruchsrecht von 30 Tagen hatte.

Enforcement Program

Die U.S.EPA ist mit der Überwachung einer Vielzahl von Umweltgesetzen betraut, die Luft, Wasser, Trinkwasser, Pestizide, Abfallbehandlung und -ablagerung, Kontrolle toxischer Substanzen und das Superfund-Programm betreffen. Aus der breiten Palette von Überwachungsaktivitäten der U.S.EPA sollen in diesem Beitrag die Aufgaben mit bezug auf den Superfund betont und im folgenden zusammenfassend dargestellt werden.

Im Enforcement Program werden Personen oder Gruppen zur Kostenübernahme herangezogen („Potentially Responsible Parties, PRPs"), wenn ihnen auf der Grundlage des Verursacherprinzips eine Verantwortlichkeit nachgewiesen werden kann. Ziel der zu führenden Verhandlungen ist es, die PRP zur Durchführung von Untersuchungen und ggf. Sanierungen zu veranlassen. Wird ein Sanierungsvorhaben durch einen privaten Sanierungsverpflichteten durchgeführt, wird das Projekt durch die EPA überwacht. Im Falle, daß sich die Verhandlungen mit den Verursachern ohne Aussicht auf eine Einigung in die Länge ziehen, ist die EPA berechtigt, zur Abwendung direkter oder unmittelbarer Gefahren, Mittel des Superfund einzusetzen. Die EPA kann dann die dabei verauslagten Mittel von den PRP einklagen. Im Haushaltsjahr 1989 betrug die Summe aller Verantwortlichkeitsbegleichungen mehr als 1 Mrd. US$ und damit mehr als die Summe der beiden vorangegangenen Jahre (KOVALICK 1990).

Durch SARA werden die Prozeduren festgelegt, nach denen Abkommen mit Sanierungspflichtigen zu schließen sind. Dem Wesen dieser Novellierung entsprechend, wurden dabei die Erfahrungen aus den ersten CERCLA-Jahren berücksichtigt. Die EPA besitzt folgende Befugnisse:

Es können mit den Verantwortlichen Abkommen über erforderliche Maßnahmen getroffen werden.

Eine gemeinsame Finanzierung aus Superfund-Mitteln und Mitteln des Verursachers ist möglich. Den Verantwortlichen können Maßnahmen vergütet werden.

Den Verhandlungen liegen Vorschriften zugrunde, die u. a. besagen, daß alle Verursacher über das Verfahren und die anderen Beteiligten sowie über die Art ihrer Beteiligung in Kenntnis zu setzen sind.

Die EPA entwickelt Richtlinien zum Erlaß unverbindlicher, vorläufiger Haftungsnoten („Nonbinding Preliminary Allocations of Responsibility, NPAR"), die das Erzielen einer Einigung beschleunigen sollen und nach denen die Gesamtkosten der an einem Standort erforderlichen Maßnahmen auf mehrere Verantwortliche umgelegt werden.

Es können Verzichtserklärungen an die Verantwortlichen ausgegeben werden, die eine Vereinbarung darstellen, nach der keine gerichtlichen Schritte unternommen werden, wenn bestimmte Bedingungen erfüllt worden sind. Im allgemeinen sollten solche Abmachungen Klauseln für die Wiederaufnahme des Verfahrens im Fall unvorhergesehener Ereignisse enthalten.

Dem Aspekt der Haftungsbedingungen für Auftragnehmer (Ingenieurunternehmen, Labors etc.) im Superfund-Program wurde durch SARA besonders Rechnung getragen, da die Erfahrungen aus den ersten Jahren des Superfund-Programmes gezeigt hatten, daß die für die Bearbeitung der Sanierungsvorhaben erforderlichen Ingenieur- und Bauleistungen hinsichtlich der Absicherung ihrer Haftungsrisiken kaum handhabbar waren. Es kam zu einem zunehmenden Rückzug der Versicherer aus dem Geschäft mit den Haftpflichtversicherungen für Umweltschäden. Aus diesem Grund sieht SARA in Section 119 die Möglichkeit einer Haftungsfreistellung für Auftragnehmer in Superfund-Projekten vor. Zentrale Aussagen der Regelung sind:

Haftungsbefreiung der Auftragnehmer unter Bundesrecht, außer bei Fahrlässigkeit und vorbehaltlich der gesetzlichen Bestimmungen der Bundesstaaten.

Es wird in das Ermessen der EPA und anderer Bundesbehörden gestellt, Auftragnehmer auch für den Fall der Fahrlässigkeit haftungsfrei zu stellen. Die EPA und andere Bundesbehörden sind nicht ermächtigt, unbeschränkte Haftungsfreiheit zu gewähren, soweit eine solche unbeschränkte Haftung in der Gesetzgebung des betreffenden Bundesstaates definiert ist.

Gewährung der Haftungsbefreiung von Auftragnehmern, die für die EPA, für andere Bundesbehörden bzw. im Rahmen eines Vertrages oder eines Kooperationsabkommens für einen Bundesstaat oder einen Sanierungspflichtigen arbeiten:

für Haftpflicht im Zusammenhang mit der Freisetzung gefährlicher Substanzen bei Arbeiten auf einem Superfund-Standort,

für Auftragnehmer, die trotz nachgewiesener Bemühungen keine Haftpflichtversicherung abschließen konnten,

als vergleichbare Ergänzung oder als Ausgleich für eine angemessene Versicherung, unter Berücksichtigung der Abzugsfähigkeit und der Grenzen der Freihaltung, wenn eine solche Versicherung entweder nicht verfügbar oder nicht ausreichend oder überteuert ist,

als vergleichbare Ergänzung oder als Ausgleich für eine angemessene Befreiung der Auftragnehmer durch den Sanierungspflichtigen, unter Berücksichtigung der Abzugsfähigkeit und der Grenzen der Freihaltung, wenn eine solche Freihaltung gemäß Feststellung der EPA entweder nicht verfügbar oder nicht ausreichend ist.

Zentrale Bedeutung kommt der Definition der Fahrlässigkeit in SARA-Section 119 zu. Damit wird es den Auftragnehmern und ihren Versicherern ermöglicht, Verträge über kalkulierbare Risiken abzuschließen. Aus der Erfahrung (KOVALICK 1988) läßt sich feststellen, daß in der amerikanischen Rechtsprechung in den Fällen der Begriff der unbeschränkten Haftung herangezogen wird, in denen keine Klärung der Schuldfrage erreicht werden kann. Bei den Superfund-Sanierungen kann in der Regel jedoch davon ausgegangen werden, daß die Gerichte nicht zuletzt wegen der streng reglementierten Vorgehensweise und der umfangreichen Dokumentation die Schuldfrage im Schadensfall klären können.

Die strengen Regularien der EPA bezüglich Qualitätsmanagement und Qualitätsüberwachung stellen dabei einen wesentlichen Bestandteil des Superfund-Programmes dar, der auch auf die Aufklärung von Haftungsfragen abzielt. Detaillierte Qualitätsmanagement-Projektpläne werden für einzelne Schritte der Vorhaben erarbeitet und sind strikt zu befolgen. Dies wird von der EPA überwacht.

Im Jahre 1989 wurde von der EPA eine Bewertung der bisherigen Aktivitäten mit dem Titel „Eine Managementbewertung des Superfundprogrammes" (genannt: „90-Tage-Studie") vorgelegt. In einem der zentralen Punkte dieser Erfahrungsauswertung wird festgestellt, daß der landesweit einheitlichen Prioritätensetzung bei der Sanierung von Altlasten größte Bedeutung zukommt.

Ferner soll nach den Ergebnissen der 90-Tage-Studie den Sanierungspflichtigen zunächst stärker die Gelegenheit geboten werden, Altlastenuntersuchungen und Sanierungen selbst durchzuführen, bevor für diese Aufgaben SuperfundMittel freigegeben werden. Eine weitere wichtige Thematik, die in der Studie aufgegriffen wurde, ist die Beteiligung der Öffentlichkeit, die durch Verstärkung des Informationsflusses zu intensivieren ist.

National Oil and Hazardous Substances Contingency Plan (NCP)

Der „National Oil and Hazardous Substances Contingency Plan" (NCP) (Part 300 in 40 CFR) ist eine Verordnung, die die organisatorische, technische und rechtliche Grundlage für die Bearbeitung des nationalen Altlastensanierungsprogrammes darstellt.

Der NCP ist für alle Bundesbehörden und Bundesstaaten gültig und umfaßt Regeln zum Umgang mit Ölverunreinigungen schiffbarer Gewässer und dem generellen Austrag von Schadstoffen in die Umwelt, durch den die Öffentlichkeit Schaden nehmen könnte.

In dem Regelwerk sind die Rollen und Verantwortlichkeiten der U.S-Bundesregierung und der Bundesstaaten ebenso wie die Zuständigkeiten der Sanierungspflichtigen definiert. Die Rahmenbedingungen zur Veranlassung und Durchführung von Sanierungsmaßnahmen sind festgelegt. So sind zum Beispiel die Definitionen des „Removal Program" und des „Remedial Program" Bestandteil dieser Verordnung (Subpart E).

Der Inhalt der Verordnung gliedert sich in die folgenden Punkte bzw. zugehörige Anhänge:

- Subpart A: Einleitung
- Subpart B: Zuständigkeiten für und Organisation von Maßnahmen
- Subpart C: Planung und Vorbereitung
- Subpart D: Phasen operationeller Maßnahmen für die Beseitigung von Öl
- Subpart E: Sanierung gefährlicher Substanzen
- Anwendung relevanter gesetzlicher Anforderungen
- Öffentlichkeitsbeteiligung
- Durchsetzung der Maßnahmen
- Subpart F: Beteiligung der Bundesstaaten
- Subpart G: Umwelt- und Interessenverbände
- Subpart H: Beteiligung Dritter

- Subpart I: Dokumentation der Auswahl der Sanierungsverfahren
- Subpart J: Gebrauch von Lösemitteln und anderer Chemikalien
- Subpart K: Bundeseinrichtungen (reserviert)
- Appendix A: Prioritätensystem für unkontrollierte, kontaminierte Gelände; Benutzerhinweise
- Appendix B: Nationale Prioritätenliste
- Appendix C: Revidierte Standard-Tests für Verteilungseffektivität und Toxizität
- Appendix D: Angemessene Maßnahmen und Methoden zur Sanierung von Schadstofffreisetzungen

Der Vorgabe aus SARA entsprechend wird auch im NCP die Bevorzugung von Sanierungen durch Behandlung gegenüber Sanierungen ohne Behandlung deutlich betont.

Mit Bezug auf die Sanierung von Standorten seien die folgenden Festlegungen aus dem NCP beispielhaft genannt:

- Verfahren zur Bewertung der Schadstofffreisetzung hinsichtlich unmittelbarer Gefahren und möglicher Abhilfemaßnahmen,
- Verfahren zur vorläufigen Einschätzung der Erforderlichkeit langfristiger Sanierungsmaßnahmen,
- Verfahren zur Durchführung einer Standortuntersuchung zur Klärung der Erforderlichkeit langfristiger Sanierungsmaßnahmen,
- Anwendung des Hazard Ranking Systems (HRS) zur Klärung der Prioritäten bei den Sanierungsfällen,
- Verfahren zur Durchführung einer Detailuntersuchung der Standortkontamination, der erforderlichen Qualität der Sanierungsmaßnahmen und der Verfahren, mit denen diese Qualität erreichbar ist,
- Planung und Durchführung der gewählten Sanierungsmaßnahmen,
- Kontrolle und Überwachung des sanierten Standortes,
- Grundregeln zur Kostenweitergabe.

Der NCP ist als zentrales Basisregelwerk zu verstehen, das alle Belange der Freisetzung von Schadstoffen regelt. Zum größten Teil werden die hier dokumentierten Regeln durch weitere Präzisierungen an anderer Stelle ergänzt und im Detail geregelt. Hinsichtlich der Aufgabenzuordnungen ist der NCP das wesentliche Referenzdokument für die Organisation von Sanierungsmaßnahmen in den USA.

Öffentlichkeitsbeteiligung bei Sanierungsvorhaben

Rechtliche Grundlagen

Die Beteiligung der Öffentlichkeit im Rahmen von Sanierungsvorhaben ist in den Superfund Gesetzen CERCLA/SARA in Abschnitt 117 (e) festgeschrieben. Die dort enthaltenen allgemeinen Formulierungen erlauben eine Flexibilität bei der Anpassung der Maßnahmen an die projektspezifischen Anforderungen. Die im NCP enthaltenen detaillierteren Regelungen sind als Minimalanforderungen aufzufassen, die die beteiligten Behörden jedoch nicht davon entbinden, projektbezogen auch weitere erforderliche oder angemessene Maßnahmen der Öffentlichkeitsinformation und -beteiligung zu ergreifen. Die im NCP in Form einer Ausführungsverordnung abgefaßten Maßnahmen haben in der Vergangenheit eine sehr förderliche Wirkung gezeigt, die den Fortgang der Vorhaben deutlich beschleunigt hat.

Struktur und genereller Ablauf der Öffentlichkeitsbeteiligung

Im Rahmen der Sanierungsuntersuchung (Remedial Investigation, RI) hat die federführende Behörde eine Machbarkeitsstudie (Feasibility Study, FS) anzufertigen. Parallel zu dieser (technischen) Arbeit ist ein Community Relations Plan (CRP) zu erstellen, der alle Aspekte der vorgesehenen Informationen und Beteiligungen der Öffentlichkeit darstellt. Die Grundlage für die CRP-Erstellung sind im Regelfall Interviews, die die Projektbearbeiter mit Betroffenen aus der Umgebung des Geländes bzw. mit Vertretern der lokalen Behörden führen. Im Rahmen dieser Interviews klären die Bearbeiter, welche Gruppen von Betroffenen sich bereits in dieser frühen Arbeitsphase abzeichnen und welche Vorbehalte gegen das Vorhaben bestehen könnten. Aus den Interviews resultieren Interessens- und Aktivitätenprofile der betroffenen Öffentlichkeit, die in den CRP eingearbeitet werden.

Der somit parallel zu dem Arbeitsplan des Vorhabens erstellte CRP umfaßt alle Maßnahmen und Entscheidungsknoten, die eine Beteiligung der Öffentlichkeit betreffen.

Der Arbeitsplan selbst muß das Vorhaben hinreichend genau beschreiben und die geprüften Alternativen darstellen.

Nach der Fertigstellung dieses Entwurfsplans (Proposed Plan) sind die folgenden Maßnahmen durchzuführen:

- Information der Öffentlichkeit über das Vorhandensein und den Inhalt (kurz) des Planes z. B. in einer größeren lokalen Zeitung
- Offenlegung des Planes an einem öffentlich zugänglichen Ort für mindestens 21 Tage
- Gewährung der Möglichkeit, den Plan zu kommentieren (mündlich oder schriftlich)
- Durchführung von Öffentlichkeitsterminen mit Diskussionsprotokoll
- Veröffentlichung des Protokolls

Nach der Inkraftsetzung der Endfassung des Planes (vor der Ausführung) ist ein Bericht über die getroffenen Entscheidungen (Record of Decisions, ROD) zu erstellen und der Öffentlichkeit zugänglich zu machen. Zusätzlich sind Erläuterungen zu etwaigen Änderungen (auf der Basis der geführten Diskussion) zu geben. Alle wesentlichen Einwendungen sind zu beantworten. Wird der ROD später wesentlich geändert, zum Beispiel im Fall eines grundsätzlich anderen Sanierungsansatzes, ist die Öffentlichkeitsinformation bzw. -beteiligung wie oben beschrieben zu wiederholen.

Werden nach der Inkraftsetzung des Planes Änderungen vorgenommen (z. B. nach dem Abschluß von Gerichtsverfahren), sind die entsprechenden Erläuterungen der Unterschiede zu veröffentlichen.

Die Altlastengesetzgebung sieht somit die Beteiligung der Öffentlichkeit bei der Entscheidungsvorbereitung zwingend vor. Die Beteiligung ist einklagbar, die vorgesehene Gestaltung der Beteiligung wird in den projektbezogenen Community Relations Plans dokumentiert, die Teil der offenzulegenden Planungsunterlagen sind und damit für alle Beteiligten Verbindlichkeit gewinnen.

Als Beispiel für die Erfahrungen mit der Information bzw. der Einbindung der Öffentlichkeit während des Entscheidungsprozesses ist der Fall eines TNT-kontaminierten Standortes zu skizzieren, in dem es im Laufe der Diskussion zu einer grundlegenden Änderung des Sanierungskonzeptes kam. Zunächst war eine Bodenbehandlung in einer standortnah zu errichtenden Verbrennungsanlage vorgesehen. Aufgrund der Einwendungen aus der Öffentlichkeit wurde die Alternativenprüfung wieder aufgenommen. Die offene Diskussion mit den Interessenvertretern ermöglichte die Erweiterung der Handlungsspielräume in der Weise, daß eine mikrobiologische Sanierung des kontaminierten Bodens wieder als Alternative in Frage kam und letztendlich als Behandlungsmethode ausgewählt wurde.

In einem anderen Fall wurde in Workshops mit einer sehr großen Zahl von Teilnehmern offen über die Sanierungsmöglichkeiten eines Gießerei-Altstandortes diskutiert. Im Laufe der Diskussion gelangten die Vertreter der betroffenen Öffentlichkeit zu der Auffassung, daß eine Sicherung durch Umschließung die zu bevorzugende Variante darstellt. Die Beiträge der Interessenvertreter wurden bei der Entscheidungsfindung und im ROD berücksichtigt, was wesentlich zur Steigerung der Akzeptanz beigetragen hat (BMBF 1995).

Bei größeren Sanierungsvorhaben, die bewohnte Standorte oder Standorte in der Nähe von Siedlungen betreffen, gilt sowohl bei zivilen als auch bei militärischen Altlasten die Gründung von Sanierungsbeiräten (RAB, Restoration Advisory Board) als sinnvoller Weg, den Informationsaustausch mit der Öffentlichkeit zu institutionalisieren. Bei der Zusammensetzung der Beiräte wird darauf geachtet, daß ein Querschnitt der lokalen Bevölkerung repräsentiert ist. Die Sitzungen der Beiräte finden regelmäßig statt, die Frequenz ist abhängig vom Fortgang der Bearbeitung, monatlich oder vierteljährlich. Für die Projektmanager ist die (ehrenamtliche) Arbeit der Beiratsmitglieder sehr hilfreich, weil die Diskussionen dazu beitragen, Einwände oder Ressentiments der Bevölkerung offen zu legen und damit zu einem offensiven Herangehen an die Probleme führen. Die Vertreter der Öffentlichkeit haben genauso wie die Projektbeteiligten die Möglichkeit, Informationen so weiter zu geben, wie sie gemeint sind. Eine verkürzte und damit möglicherweise inhaltlich beeinflussende Berichterstattung in den Medien verliert damit an Bedeutung.

Auf Antrag wird den Interessenvertretern in den Sanierungsbeiräten eine Beihilfe für technische Unterstützung durch Berater ihrer Wahl gewährt (TAG, Technical Assistance Grants, max. US$ 50.000 je Antragsteller, Ausnahmen sind zulässig). Die U.S. EPA hat die Pflicht, die Antragsteller zu beraten.

Seitens der Projektbeteiligten wird eine solche Einbindung von Beratern sehr geschätzt. Den Öffentlichkeitsvertretern wird die Gelegenheit gegeben, im kleinen Kreis Verständnisfragen zu stellen und Detailbetrachtungen vorgelegter Unterlagen zu delegieren. Für die Projektmanager bietet sich die Möglichkeit, komplizierte technische Informationen gebündelt an einen kompetenten Ansprechpartner weiterzugeben, der dann ggf. eine „Übersetzerfunktion" wahrnehmen kann.

Nach Mitteilung von Projektmanagern hat sich die Einschaltung von Dritten sehr bewährt, weil leichter eine Vertrauensbasis zu schaffen ist, die dazu beiträgt, Diskussionen abkürzen und zu versachlichen.

Instrumente zur Öffentlichkeitsbeteiligung

Die im Kapitel 3 dargestellten verbindlichen Vorgaben zur Projektbearbeitung werden durch umfangreiche Anleitungen zur Gestaltung und Durchführung der Öffentlichkeitsarbeit ergänzt. Mit diesen Anleitungen werden den Projektmanagern vor-Ort Hilfen an die Hand gegeben, wie Konflikte zu vermeiden, zu erkennen, zu kanalisieren und zu lösen sind. Grundsätzlich sind die mit einem Projekt befaßten Behördenmitarbeiter verpflichtet, die gesetzlich oder per Verordnung festgelegten Informations- und Beteiligungsrechte der Öffentlichkeit zu berücksichtigen. Nicht zuletzt wegen ihrer Einklagbarkeit werden diese Rechte in der Projektbearbeitung von allen Beteiligten sehr ernstgenommen.

Die mit der Sanierung von Altlasten befaßten Behörden (Bundes-EPA, Bundesstaaten-EPAs, Verteidigungsministerium und Energieministerium) verfügen über ausgebildete Fachleute für Öffentlichkeitsarbeit, die seitens der technischen Projektbearbeiter angefordert werden können. Im Regelfall bleiben längerfristige Einsätze dieser Fachleute vor-Ort auf größere Sanierungsvorhaben begrenzt. In der überwiegenden Zahl der Projekte werden diese Fachleute, insbesondere in der Frühphase eines Projektes (Ersteinschätzung, Ersterkundung), eingeschaltet, da in diesem Stadium bereits die wesentlichen Weichenstellungen hinsichtlich der Akzeptanz in der Öffentlichkeit gestellt werden. In späteren Bearbeitungsphasen geht die Beteiligung der Spezialisten im Regelfall zurück, da dann die wesentlichen konzeptionellen Entscheidungen zur Öffentlichkeitsbeteiligung getroffen sind bzw. die Informationskanäle gelegt sind.

In Abbildung 4–1 sind typische Schritte einer Standortbearbeitung und begleitende Maßnahmen zur Öffentlichkeitsinformation bzw. -beteiligung aufgelistet. Auch für diese Liste, die dem Handbuch für „Community Relations" der U.S. EPA (U.S. EPA 1992) verändert entnommen wurde, gilt, daß die Anleitungen nur als Hinweise zu verstehen sind. Die Entscheidung über die im konkreten Einzelfall zu ergreifenden Maßnahmen wird vom verantwortlichen Projektmanager getroffen. Die Behörden versuchen deshalb, diesen Entscheidungsträgern die bestmöglichen Hilfen zu geben.

Tabelle 1:   Maßnahmen zur Öffentlichkeitsinformation bzw. -beteiligung:

Arbeitsschritt	Maßnahmen mit Öffentlichkeitsbezug
Ersteinschätzung	Besprechung der Öffentlichkeitsarbeiter mit den technischen Bearbeitern Telefonische Kontaktaufnahme mit lokalen Behördenvertretern und direkt Betroffenen

Arbeitsschritt	Maßnahmen mit Öffentlichkeitsbezug
Geländebegehung / erste Untersuchung	Telefonische Kontaktaufnahme: lokale Behördenvertreter und direkt Betroffene Informationsgespräche mit direkt Betroffenen Verteilung von Fact-Sheets mit Informationen zur Vorgehensweise (generell) Aufstellung einer Verteilerliste für weitere Informationen Festlegen des Ansprechpartners bei der federführenden Behörde
NPL Listing	Telefonische Kontaktaufnahme: lokale Behördenvertreter und direkt Betroffene Verteilung eines Fact-Sheet mit Informationen zu Befunden und zur weiteren Vorgehensweise Öffentlichkeitstermin mit Betroffenen und Interessierten Erarbeitung und Verteilung einer Presseinformation
Vor der Sanierungsuntersuchung	Besprechung der Öffentlichkeitsarbeiter mit den technischen Bearbeitern Öffentlichkeitstermin: Vorstellung des Arbeitsplans vor dem Hintergrund des generellen Ablaufes Information der technischen Bearbeiter über die Ergebnisse der Interviews mit den Betroffenen
Während der Sanierungsuntersuchung	Verteilung eines „kick-off" Fact-Sheet Regelmäßige Kontakte mit lokalen Behördenvertretern und direkt Betroffenen Workshop zum generellen Vorgehen in Sanierungsprojekten Information der Betroffenen/Interessierten über Verzögerungen etc. Öffentlichkeitstermine zur Diskussion von Untersuchungsergebnissen
Während der Alternativenauswahl	Regelmäßige Kontakte mit lokalen Behördenvertretern und direkt Betroffenen Sammeln von Anregungen zu Kriterien für die Alternativenauswahl
Abschluß der Alternativenauswahl und Sanierungsplanentwurf	Verteilung von Fact-Sheets, Pressemitteilungen Information der Öffentlichkeit zur Offenlegung der Arbeitsergebnisse und des Sanierungsplanentwurfes
Ausführungsplanung	Bewertung der bisherigen Öffentlichkeitsarbeit Information der Planer über die Öffentlichkeitsarbeit

Arbeitsschritt	Maßnahmen mit Öffentlichkeitsbezug
Sanierung	Besprechungen und „open house" zur Information über die Sanierungstechnik Geländebesichtigungen organisieren Ausstellung zu bisherigen Arbeit auf dem Gelände
Wartung und Überwachung	Information über Maßnahmen Publikation von Fact-Sheets Öffentlichkeitstermine mit Interessierten zur Förderung des Verantwortungsbewußtseins der Allgemeinheit bzw. der Nachbarschaft für den Standort

Zusammenfassung der Hauptcharakteristika

Auch wenn eine Zusammenfassung von Hauptcharakteristika keinen Anspruch auf Vollständigkeit erheben kann und letztlich immer subjektiv geprägt sein wird, soll hier ein entsprechender Versuch gemacht werden.

Dabei erfolgt die Zusammenstellung stichpunktartig fokussiert auf das Thema der Tagung.

- Die bundesweite behördliche Zuständigkeit für Altlastenbearbeitungen liegt bei den Dienststellen der U.S. EPA, Ausnahmen sind:
- Gelände, die dem Energieministerium (DoE) unterstehen, werden von diesem bearbeitet.
- Das Verteidigungsministerium (DoD) ist für die militärisch genutzten Standorte zuständig, zu denen auch Einrichtungen der Rüstungsproduktion gehören.
- Die Abwicklung der Altlastenfälle erfolgt nach jeweils einheitlichen Regeln.
- Die jeweils vorgeschriebenen Abläufe sind zwingend einzuhalten und sind einklagbar.
- Bei Fällen von Ersatzvornahmen mit anschließender Inanspruchnahme von Sanierungspflichtigen hat die U.S. EPA nachzuweisen, daß angemessen und wirtschaftlich gehandelt wurde.
- Die Altlastengesetzgebung sieht die Beteiligung der Öffentlichkeit bei der Entscheidungsvorbereitung zwingend vor; die Beteiligung ist einklagbar.
- Die geplante Öffentlichkeitsbeteiligung wird in projektbezogenen Community Relations Plans dokumentiert, die Teil der offenzulegenden Planungsunterlagen sind.
- Auf Antrag wird den Interessenvertretern in den Sanierungsbeiräten (RAB, Restoration Advisory Board) eine Beihilfe für technische Unterstützung durch Berater ihrer Wahl gewährt (TAG, Technical Assistance Grants, max. US$ 50.000 je Projekt). Die U.S. EPA hat die Pflicht, die Antragsteller zu beraten.
- Die verbindlichen Vorgaben zur Projektbearbeitung werden durch umfangreiche Anleitungen zur Gestaltung und Durchführung der Öffentlichkeitsarbeit ergänzt.

- Die generellen Abläufe zur Altlastenbearbeitung sind in Grenzen flexibel und sollen projektbezogenes Planen und Handeln fördern. Trotzdem sind sie für die Praxis oftmals zu starr. Gleichwohl erhöht ein verbindliches Regelwerk die Transparenz für alle Beteiligten. Die vorliegenden einheitlichen Regelungen erlauben eine klare Zuweisung von Kompetenzen und Zuständigkeiten zu Gremien und Personen.
- Die Forderungen zur Dokumentation der Bearbeitungsqualität dienen der Nachvollziehbarkeit. Sie haben sich in der U.S. amerikanischen Praxis bewährt und sind vor dem Hintergrund des Haftungsrechts unabdingbar. Alle Untersuchungen verfolgen das Ziel, Daten „bekannter Qualität" zu erheben und zu dokumentieren.
- Detailliert dokumentierte Planungen und Ergebnisdokumentationen sind die Basis vorgeschriebener Plausibilitätsprüfungen durch externe Experten.
- In Besprechungen werden (nach präziser Vorbereitung) Beschlüsse gefaßt, sofort dokumentiert und abgezeichnet. Alle Entscheidungen zur Projektstrategie werden mit kurzen Darstellungen der ausschlaggebenden Argumente in zusammenfassenden Berichten (ROD, Record of Decisions) gesammelt dokumentiert und der Öffentlichkeit zugänglich gemacht.
- Projektleiter werden im Umgang mit der Öffentlichkeit und den Medien geschult.
- Die Information und Beteiligung der betroffenen Öffentlichkeit in den Sanierungsprojekten erfolgt sehr frühzeitig, bereits während der Arbeitsplanung (z. B. bei Geländeuntersuchungen). Das Anliegen, durch Information Vertrauen zu schaffen, wird seitens der Behörden stark betont („Risk Communication").
- Interdisziplinäre Bearbeitung der Projekte wird als Teil des erforderlichen Qualitätsmanagement verstanden, wird gefordert und gefördert und ist nachzuweisen.

Disclaimer

Dieser Text dient allein den Zwecken der Information und besitzt keinerlei rechtliche Verbindlichkeit. Der Inhalt dieses Beitrages stellt die persönliche Sicht der Bearbeiter dar, die enthaltenen Informationen und Meinungen geben nicht zwangsläufig die Sichtweise von Dienststellen der Regierung der Vereinigten Staaten von Amerika wieder.

The use of this text is restricted to informational purposes only. The content is not legally binding. The text is written from the individual standpoints of the authors and does not necessarily reflect the perspective of institutions of the Government of the United States of America.

Literatur

BMBF 1995: Bericht zum FuE-Vorhaben 14 70 902 International Experiences in Remediation of Contaminated Sites–Synopsis, Evaluation and Assessment of the Applicability of Methods and Concepts- Bundesministerium für Bildung, Wissenschaft, Forschung und Technologie 1995

BMBF 1997: Abschlußbericht zum FuE-Vorhaben 14 70 729: Bilaterale Zusammenarbeit BMBF-U.S.EPA „Vorbereitung, Koordinierung, Durchführung und Auswertung der im Rahmen der deutsch-amerikanischen Zusammenarbeit geplanten zusätzlichen Untersuchungen an ausgewählten Altlastensanierungsfällen, Bände 1 bis 3; Bundesministerium für Bildung, Wissenschaft, Forschung und Technologie 1997

Burmeier 1996: Burmeier, Harald: Sanierungsmanagement am Beispiel des Metallhüttengeländes Lübeck; Vortrag im Workshop Kommunikationskultur bei Vorhaben der Altlastensanierung, Nr. 66 der Akademie für Technikfolgenabschätzung in Baden-Württemberg, November 1996

CFR: siehe NCP

Haney, M. & Casler, J. (1990): RCRA-Handbook, A Guide to Permitting, Compliance, Closure, and Corrective Action Under the Resource Conservation and Recovery Act. – ENSR Consulting and Engineering, Third Edition

Kovalick 1988: Kovalick, Walter: Die Umsetzung des neuen Superfonds: Ein Programm voller Herausforderungen für die EPA. – In: Wolf, K., van den Brink, W. J., Colon, F. J. (Hrsg.): Altlastensanierung 1988, Kluwer Acad. Publ.

Kovalick 1990: Kovalick, Walter : Superfund – Ergebnisse und Erfahrungen bei der Suche nach neuen Lösungen für alte Probleme. – In: Arendt, Hinsenveld, van den Brink (Hrsg.): Altlastensanierung 1990, Kluwer Acad. Publ.

Kovalick 1993: Kovalick, Walter: Aktuelle Entwicklungstendenzen im Bereich der Implementierung innovativer Technologien in den USA, In: Arendt, Annokkée, Bosmann, van den Brink (Hrsg.): Altlastensanierung 1993, Kluwer Acad. Publ.

NCP: Code of Federal Regulations, Title 40, Part 300, National Oil and Hazardous Substances Pollution Contingency Plan; Final Rule

Ulrici & Hachmann 1995: Ulrici, Wolfgang und Hachmann, Rainer: Maßnahmen zur Konfliktminderung bei der Altlastensanierung; in Franzius/Wolf/Brandt (Hrsg.): Handbuch der Altlastensanierung, 2. Aufl. Teil 12643 Verlag C.F. Müller, 1995

U.S. CONGRESS 1987: 96th Congress of the United States of America: The Comprehensive Environmental Response, Compensation and Liability Act of 1980 (Superfund) as amended by The Superfund Amendments and Reauthorization Act of 1986. – United States Government Printing Office, Washington

U.S. EPA 1992: United States Environmental Protection Agency: Community Relations in Superfund: A Handbook; U.S. EPA Office of Emergency and Remedial Response, Washington, DC; EPA/540/R-92/009, January 1992; PB92-963341

U.S. EPA diverse: internet-homepage www.epa.gov

U.S. Army diverse: internet-homepage: aec-www.apgea.army.mil

Effektive Sanierung schnell und kostengünstig – unmöglich?

HORST DANNEMANN

Fragen

- Welche guten Praxisbeispiele zur effektiven und kostengünstigen Sanierung gibt es?
- Welche negativen Beispiele zu ineffektiven und teueren Sanierungen gibt es?
- In welchen Bereichen liegen Potentiale zur Einsparung und Effektivierung?
- Was sind die wesentlichen Hemmnisse für eine kostengünstige und effektive Sanierung?
- In welchen Bereichen sind hohe Standards unverzichtbar? Wo gelänge es auch mit geringeren Standards?
- Welche rechtliche, politischen und administrativen Rahmenbedingungen sollten sich für effektivere Sanierungen ändern?
- 10 goldene Regel für effektive Sanierungen?

Zusammenfassung

Nach den Erfahrungen bei den auf Altstandorten bzw. Altlasten errichteten Siedlungen

- Dortmund-Dorstfeld
- Essen-Zinkstraße
- Herne-Leibnizstraße
- und Münster-Gorenkamp

ist eine effektive Sanierung durchaus kurzfristig zu realisieren.

Andererseits erfordern aber notwendige Untersuchungen, sorgfältige Planungen, Verhandlungen mit den Betroffenen und die Beschaffung der notwendigen Geldmittel einen Zeitraum, welcher länger sein kann als die Zeitspanne für die technische Durchführung der Sanierung. Keine Zeit bleibt allerdings, wenn eine akute Gefährdung der Bewohner zu vermuten ist, wie dies z. B. bei den Siedlungen Dortmund-Dorstfeld und Essen, Zinkstraße in Teilbereichen der Fall war. Um auch in solchen Fällen vernünftige sachgerechte Gesamtlösungen zu erzielen, sind ggf. Vorabmaßnahmen zu treffen, welche den akuten Gefährdungstatbestand beseitigen. Neben Nutzungseinschränkungen können dies auch provisorische Abdeckmaßnahmen, z. B. mit Rollrasen, sein. Sofern noch keine Untersuchungen vorliegen, müssen auch diese zunächst allein auf den Tatbestand der akuten Gefährdung abheben. Dies sind z. B. Oberflächenproben zur Beurteilung des Direktkontaktes und Luftmessungen in den Gebäuden, wenn leicht flüchtige Schadstoffe im Untergrund zu vermuten sind.

Die genannten Siedlungen sind alle auf Altstandorten bzw. Altablagerungen (Münster, Gorenkamp) errichtet worden, d. h. vorab gewerblich bzw. industriell genutzte Flächen wurden durch Bebauungspläne in Wohnflächen umgewandelt, ohne die im Bundesbaugesetz vorgeschriebene Prüfung auf gesunde Wohn- und Arbeitsverhältnisse (s. BauGB § 2, Absatz 1) vorzunehmen.

Aus diesem Versäumnis heraus sind von den Betroffenen z. T. Forderungen aufgebaut worden, die nach heutigen Gesichtspunkten als überzogen angesehen werden müssen. So ist z.B. in Dortmund-Dorstfeld ein wesentlicher Teil der Gesamtsanierungskosten von 92 Mio. DM für Entschädigungen, den teuren Ankauf von Häusern (Erstellungswert) und Wertminderungen aufgewandt worden. Bei der Siedlung Essen, Zinkstraße sind in den Gesamtkosten der Sanierung von rd. 64,5 Mio. DM ca. 13,5 Mio. DM Wertminderungs- und Entschädigungskosten enthalten. Im letzteren Fall sind die Wertminderungs- und Entschädigungskosten meines Erachtens angemessen und durchaus plausibel zu erklären.

Vom Ablauf im Vorfeld der Sanierung sowie von den Kosten her ist Dortmund-Dorstfeld sicher als negatives Beispiel anzuführen.

Als Hauptgründe sind zu nennen:

- geringe Erfahrung der Gutachter,
- schlechte Koordination untereinander,
- fachlich und thematisch nicht abgestimmte politische Zusagen,
- zu langer Vorlauf bis zur Sanierung,
- dadurch unzumutbare psychische Belastungen der Betroffenen,
- langer Leerstand von Häusern.

Aber: Ohne die negativen Erfahrungen aus Dortmund-Dorstfeld und Projekten wie Bielefeld-Brakel wäre die Sanierung Essen, Zinkstraße in keinem Fall so schnell und dies im positiven Sinne realisiert worden.

Bei der Sanierung Essen, Zinkstraße – eine Siedlung mit 128 Eigenheimen und 102 Mietwohnungen – handelt es sich um eine nutzungsbezogene Sicherung unter Beachtung des nach dem Baugesetzbuch anzustrebenden Vorsorgegrundsatzes. Die ausgeführten Sicherungsmaßnahmen unterbrechen sicher die Schadstoffpfade, so daß eine Diskussion über Schadstoffgehalte im tieferen Untergrund nicht mehr relevant war. Die Dicke der neu aufgebrachten Abdeckung wurde auf die möglichen Aktivitäten eines Eigenheimbesitzers abgestimmt (Grabtiefe, Nutzpflanzenanbau).

Durch Umlagerung der zwischen den Häusern auszuhebenden belasteten Bodenmassen im Gelände ergab sich eine Kostenersparnis von 42 Mio. DM.

Der insgesamt positive Effekt der Sanierung hat die in der Folgezeit in Angriff genommenen Maßnahmen in Herne und Münster-Gorenkamp wesentlich erleichtert (Kontakt der Siedler untereinander). Als sehr positiv ist ferner zu bewerten, daß 4 Jahre nach Abschluß der Sanierung auf dem Gelände Essen, Zinkstraße 154 weitere Mietwohnungen, 16 Reihenhäuser und ein Kindergarten errichtet wurden. Die städtebauliche Abrundung des Gebietes hat sich auch positiv auf die Gesamtkostenbilanz der Sanierungsmaßnahme ausgewirkt.

Die Sanierung der Siedlung Herne, Leibnizstraße ist erst in eine realisierbare Phase gekommen, nachdem den Siedlern klar gemacht werden konnte, daß die zwischen den Häusern auszuhebenden leicht bis mittelschwer belasteten Bodenmassen mit entsprechender Sicherung auf dem Gelände verbleiben können. Die Ablagerung erfolgte parallel zu dem vorhandenen Autobahndamm. Die Siedler (37 Häuser) konnten überzeugt werden, daß auch noch nicht bebaute Grundstücke im angrenzenden Bereich mit saniert wurden und die dabei anfallenden Massen mit in die gesicherte Ablagerung eingebracht wurden. Gerade dieses Bauwerk hat im Nachhinein den Siedlungsbereich sehr positiv aufgewertet (Schallschutz zur Autobahn, Spielplatz). Zwischenzeitlich sind alle Grundstücke im Umfeld bebaut. Es entstanden 10 Reihenhäuser und 75 Wohnungen in Mehrfamilienhäusern neu.

Die bei den angeführten Projekten gemachten Erfahrungen sind sicher wichtig für die effektive und kostengünstige Sanierung weiterer bereits bewohnter „Altlasten". Eine weitaus größere Bedeutung wird aber darin gesehen, daß wir heute in der Lage sind, ehemals gewerblich bzw. industriell genutzte Altstandorte auch einer höherwertigen Nutzung (z. B. Wohnen) zuzuführen, ohne die Schadstoffe vollständig aus dem Untergrund zu entfernen. Dies ist besonders in den industriellen Ballungsgebieten für eine geordnete Stadtentwicklung von großer Bedeutung.

In Nordrhein-Westfalen, speziell auch im Ruhrgebiet, sind in den 90er Jahren bereits zahlreiche Siedlungsgebiete auf Altstandorten neu errichtet worden. Die Stadtplaner greifen vermehrt auf Altstandorte und Brachen für die städtebauliche Planung zurück. Die Umlagerung von belasteten Materialien auf den Standorten zur Geländemodellierung und Sicherung ist in NRW im § 31 des Abfallgesetzes geregelt. Bei großen Grundstücken kann durch eine geschickte Modellierung und Sicherung eine teuere und für Siedlungsprojekte kaum finanzierbare Entsorgung entfallen. Bei kleineren Grundstücken läßt sich u. U. durch Höhenanordnung und Gestaltung der neu zu errichtenden Gebäude der Aushub auf ein Minimum reduzieren.

Workshops

W 1: „Anforderungen an und Erfahrungen bei einem effektiven und zielorientierten Projektmanagement"

Moderation:

MICHAEL WOLF (Projektleiter Hessisch-Lichtenau/Hirschhagen, Hessische Industriemüll GmbH, Geschäftsbereich Altlastensanierung)

Referenten:

- DR. RALF KILGER (Umweltbehörde Hamburg, Fachamt für Altlastensanierung)
- KAI STEFFENS (ProBiotec GmbH)
- HENNING BICK (RP Gießen, Abteilung Staatliches Umweltamt Marburg)

Zusammenfassung der Ergebnisse

STEPHAN RIETMANN

Mißerfolgsfaktoren im Projektmanagement der Sanierung bewohnter Altlasten

In der Vorstellungsrunde fragte der Moderator die Teilnehmer zunächst danach, welchen Fehler ein Projektmanager bei der Sanierung einer bewohnten Altlast begehen müsse, um maximalen Mißerfolg zu erzielen.

Die Teilnehmer betonten hier insbesondere strukturelle und organisatorische Fehler wie

- unklare Ziele,
- schlecht definierte Aufbau- und Ablauforganisationen,
- nicht definierte Entscheidungskompetenzen und
- die unklare Definition von Aufgaben, Schnittstellen und Rollen der beteiligten Akteure.

In diesem Zusammenhang wurde die Bedeutung mangelnden Vertrauens unter den Beteiligten hervorgehoben. Dieses sei ein schwerwiegendes Problem, daß vor allem durch:

- mangelnde Kommunikation und Abstimmung (zum Beispiel durch behördliche Alleingänge)
- durch Vernachlässigung Betroffener
- aber auch bei Überheblichkeit von Fachleuten entsteht.

Andere Teilnehmer sahen vor allem in verschiedenen personellen Voraussetzungen eines Projektmanagers Ursachen für Mißerfolge:

- fachlich inkompetenter Projektmanager
- mangelnde Teambereitschaft und Unfähigkeit zur Delegation
- Entscheidungen bei unzureichender Datenlage
- Fehlinterpretation von Untersuchungen
- Urteilsfehler, zum Beispiel zu optimistische Beurteilungen

Die nachfolgende Diskussion wurde durch drei kurze Impulsreferate von

- Herrn Dr. Kilger (Umweltbehörde Hamburg, Fachamt für Altlastensanierung)
- Herrn Steffens (ProBiotec GmbH)
- Herrn Bick (RP Gießen, Abteilung Staatliches Umweltamt Marburg)

zu verschiedenen Aspekten des Projektmanagement bei der Sanierung bewohnter Altlasten eingeleitet und strukturiert. Die Statements der Referenten finden sich ebenfalls in dieser Veröffentlichung.

Instrumente und Voraussetzungen im Projektmanagement

Im Statement von Herrn Dr. Kilger wurden die Notwendigkeit der Schaffung einer gemeinsamen Zielrichtung und die Bedeutung frühzeitiger Zusammenarbeit aller Beteiligten hervorgehoben. Bei der Entwicklung einer gemeinsamen Zielorientierung sei vor allem die Intensivierung der Kommunikation nutzbringend. Die Teilnehmer diskutierten anschließend die Frage, wie man Betroffenen den Einstieg in Konsensorientierung erleichtern könne.

Einvernehmen bestand darin, daß Bürgerbetreuung Kontinuität sichere. Personelle und instrumentelle Kontinuität sei geeignet, das notwendige Vertrauen bei allen Beteiligten zu schaffen und dauerhaft zu erhalten. Durch Einbeziehung von Fachleuten für Kommunikation und Öffentlichkeitsarbeit ließen sich gerade an dieser Stelle wichtige Chancen zur Verbesserung der Akzeptanz der Sanierungsmaßnahmen nutzen. Außerdem könnten Konflikte durch die Beauftragung von Vertrauensgutachtern, die von den Beteiligten akzeptiert werden, wesentlich gemindert werden.

Für das Projektmanagement bei der Sanierung bewohnter Altlasten sei es einerseits notwendig, die Dimension des vorliegenden Problems schnell zu erkennen und außerdem schnell Zielvereinbarungen mit Bürgern zu treffen. Ein Beispiel für eine konkrete Konfliktlösung war das Ankaufangebot der Hamburger Behörde für wegziehwillige Bürger.

Andere Workshop-Teilnehmer befürchteten, daß eine frühzeitig sensibilisierte Öffentlichkeit das „Unendliche" fordern könnte. Es sei daher nur bei gesicherter Datenlage sinnvoll an die Öffentlichkeit zu gehen, um zu verhindern, daß sich auf

Basis eines unbestätigten Verdachts gut organisierte und expertenunterstützte Bürgerinitiativen bilden.

Man war sich einig, daß Projektmanagement bei der Sanierung einer bewohnten Altlast professionelle Kommunikation und effiziente Abstimmung aller Beteiligten erfordert.

Dabei komme es besonders auf

- einen reibungslosen und möglichst umfassenden Informationsfluß,
- intensive wechselseitige Kommunikation,
- Möglichkeiten zur Partizipation und
- Transparenz an.

Ziele, Strategien und Rollen im Projektmanagement bei der Sanierung

Im zweiten Statement betonte der Referent Herr Steffens, daß es der Kunde sei, der eine Sanierungsaufgabe definiere. Dem jeweiligen Projektmanager komme die Funktion eines Beraters zu. Er habe ein Vorschlagsrecht für projektstrategische Entscheidungen, er könne bei Entscheidungen mitbestimmen und er habe Entscheidungsrechte bei der konkreten Umsetzung von Maßnahmen. Entscheidend sei dabei ein aktives und stringentes Herangehen von Projektbeginn an. Dazu gebe es organisatorische Regeln, für deren Einhaltung der Projektmanager sorgen müsse. Das Instrument des Kick-off meetings sei beispielsweise ein wertvolles Werkzeug für zielorientierte Projektführung von Beginn an. Die Aufgabe des Projektmanagers bestehe in der Erstellung eines Produktes – nämlich eines Grundstücks, das die Gesundheit der Bewohner nicht beeinträchtigt.

In der anschließenden Diskussion wurde von einigen Teilnehmern gefordert, daß Projektmanagement trotz stringenter Aufgaben und Schnittstellen genügend Freiraum für Kreativität, Flexibilität und Ideen lassen müsse.

Einvernehmen bestand darin, daß Projektmanagement eine eigenständige fachliche Qualifikation sei. In der Startphase sei eine konsequente Strukturabstimmung und Zieldefinition erforderlich. Erst dann könne man die fachlichen Probleme angehen. Die Zielfestlegung sei prioritär, da diese den Kostenrahmen definiert. Die Finanzmittel wiederum bestimmten die Sanierungsdauer.

In der Diskussion wurde die Notwendigkeit zur Definition gesehen, wer genau Kunde der Dienstleistung Sanierung sei. In der Diskussion wurden einerseits Betroffene als Kunden betrachtet andererseits auch die Öffentlichkeit.

Aus Sicht einiger Teilnehmer sei es für effektives Projektmanagement sinnvoll, Einzelinteressen vor Baubeginn stärker einzubeziehen. Ein Erfolgskriterium für das Projektmanagement müsse auch die Sozialverträglichkeit der Sanierung sein. Für effektives Projektmanagement sei die Überprüfung der Projektstrukturen durch den Projektmanager wesentlich.

In einem Beitrag wurde auf definitorische Unschärfen des Begriffs Projektmanagement in der Diskussion hingewiesen. Man müsse in jedem Falle internes und vorwiegend produktbezogenes von externem Projektmanagement mit Gesamtverantwortung unterscheiden.

Fazit der Diskussion war, daß der Projektmanager in erster Linie die Aufgabe hat, Sanierungsziele umzusetzen und bei dieser Umsetzung eigene Handlungsspielräume nutzen müsse.

Organisation und Akteure im Projektmanagement bei der Sanierung

Herr Bick verdeutlichte im dritten Impulsreferat die Komplexität der Sanierungsaufgabe, indem er die verschiedenen beteiligten Akteure und deren Aufgaben vorstellte. Die Politik leiste die Vorgabe von Sanierungszielen und definiere damit das Ergebnis der Sanierung. Der Sanierungsträger sei Dienstleister des Landes. Die Genehmigungsbehörde nehme Funktionen der Aufsicht und Genehmigung wahr und sorge für die konzeptionelle Vernetzung, die Personifizierung von Verantwortungen und die Einrichtung eines Verfahrensbuches/Verfahrenskontos. Die Kommune nehme schließlich die Vertretung von Interessen wahr. Für die Sanierung einer bewohnten Altlast sei eine klare Ziel- und Leistungsbeschreibung unerläßlich. Der Projektmanager habe dann das „Wie" der konkreten Umsetzung zu leisten.

In der Diskussion bestand Einvernehmen, daß zahlreiche Abstimmungsprozesse zwischen den verschiedenen Akteuren erforderlich wären. Dies stelle hohe Anforderungen an organisatorische und kommunikative Leistungen des Projektmanagements. Projektmanagement bei der Sanierung bewohnter Altlasten mache daher eine klare Aufbau- und Ablauforganisation notwendig. Für effektives Projektmanagement und einen effektiven Projektablauf sei die Aufstellung eines Sanierungsrahmenplanes unabdingbar.

Einvernehmen bestand außerdem hinsichtlich der Erfordernis kompatibler Strukturelemente bei den beteiligten Akteuren. Diese würden Abstimmung und Kommunikation wesentlich erleichtern und unnötige Probleme vermeiden. Hierzu sei eine klare Definition von Aufgaben und Schnittstellen ebenso erforderlich wie die klare Trennung von Projektsteuerer und Projektmanager. Moderationsansätze wurden als sinnvolle Methode der Problemlösung diskutiert.

Schließlich wurde von einigen Teilnehmern die Notwendigkeit gesehen, den Aspekt der Qualitätssicherung und Nachsorge künftig verstärkt als Aufgabe des Projektmanagements bei der Sanierung bewohnter Altlasten wahrzunehmen. Als Beispiel der Datengewinnung wurden Evaluations-Interviews bei Kunden einer Sanierung angesprochen. Diese wären geeignet, Stärken und Schwächen einer Sanierung aus Sicht Betroffener zu ermitteln und böten damit wesentliche Chancen zur Optimierung des Projektmanagements bei der Sanierung bewohnter Altlasten.

Statements

HENNING BICK

Erfolgs-/Mißerfolgsfaktoren bei der Sanierung

- Vorhandensein von Finanzmitteln
- Einbindung von Sanierungsbetroffenen
- Zusammenarbeit der Sanierungsakteure
- Einsatz von Steuerungsinstrumenten für die Projektplanung
- Engagement und fachliche Kompetenz der Sanierungsakteure

Risiken für Fehlplanungen bei einer Sanierung

- Planungsgrundlagen auf Annahmen beruhend
- Verknüpfung der komplexen Teilprojekte und Arbeitsfelder
- Mittelkürzungen/-verschiebungen
- Schaffung von rechtlichen Voraussetzungen

Bedeutung von Sanierungszielen und deren Kriterienerfüllung

- Behördliche Vorgabe der nach erfolgter Sanierung dauerhaft zu unterschreitenden Belastungen der Umweltmedien
- Länderspezifische Orientierungswerte – als Maßstabssystem der Schutzgüter menschliche Gesundheit (hier nutzungsbezogen) und Grundwasser – für den Begriff der wesentlichen Beeinträchtigung des Wohls der Allgemeinheit:
- Konvention im Sinne eines einheitlichen Verwaltungsvollzugs entwickelt aus Erfahrung von Einzelfällen
- bei Schutzgut „menschliche Gesundheit": sicheres, dauerhaftes Unterschreiten der gefahrverknüpften Eingreif- oder Sanierungsschwellenwerte in der Regel bis in 1m Tiefe der obersten Bodenzone
- bei Schutzgut „Grundwasser": sicheres, dauerhaftes Unterschreiten von Prüfwerten für Wasser sowie Boden, Bodenluft (mit Grundwasserrelevanz)
- Allgemeine Grundsätze: Verlagerungsverbot – Verhältnismäßigkeitsgrundsatz – Klarheitsgrundsatz – Sparsamkeitsgrundsatz

Beschreibung und Abgrenzung der Aufgaben und Rollen der sanierungsbeteiligten Akteure

- Sanierungsträger – Dienstleister des Landes Hessen, „fiktive" Übernahme der Untersuchungs- und/oder Sanierungsverantwortung, Durchführung der Untersuchung und Sanierung gemäß der Zielvorgaben der zuständigen Behörde

- Kommune – Interessenvertretung u.a. der Sanierungsbetroffenen, Wahrnehmung der belange der kommunalen Selbstverwaltung (Einbringen städtebaulicher und infrastruktureller Aspekte, politisches Korrektiv)
- Politik – Vorgabe von Outcome (Wirkungen, Nutzen; *was* soll in welchem Umfang *wann* erreicht werden? Vorgabe der zu erreichenden Standards)
- Genehmigungsbehörde – Regierungspräsidium als zuständige Behörde, Aufsichts- und Genehmigungstätigkeit, interne Behördenkoordination, Aufstellen und laufendes Überprüfen der Zielvorgaben aus der Übertragung, Treffen konzeptioneller Entscheidungen, Abstimmung mit oberster Landesbehörde, Politikberatung

Möglichkeiten der internen und externen Kommunikation

- Installierte interne Kommunikation: Dezernatsarbeitsgespräch, Behördenarbeitskreissitzungen, Abgleichgespräche unter den Regierungspräsidien
- Anlaßbezogene Besprechungen unter Beteiligung der zuständigen Behörden und Dezernate
- Installierte externe Kommunikation: Arbeitskreissitzungen, Baustellenbesprechungen, Projektstart- und statusgespräche, Projektbeiratssitzungen, Fachbeiratssitzungen MOSAL
- „Adhoc-Besprechungen" unter den Sanierungsakteuren und/oder Sanierungsbetroffenen
- Anlaßbezogene Informationsveranstaltungen des Projektträgers und/oder der Genehmigungsbehörde im Rahmen eines Genehmigungsverfahrens

Kompetenz eines Projektmanagers

Weitestgehende Eigenständigkeit und Verantwortlichkeit über das *wie* der übertragenen Untersuchung und/oder Sanierung im Rahmen der Zielvorgaben *(was/wann)* der zuständigen Behörde

Dr. Ralf Kilger

Was sind Erfolgs- und Mißerfolgsfaktoren bei Sanierungen?

Der Gradmesser für den Erfolg bzw. Mißerfolg bei der Sanierung einer bewohnten Altlast ist die Akzeptanz der Betroffenen: Sie erwarten eine technisch einwandfreie Sanierung, deren Umfang, Zeitpunkt und Dauer (Minimierung der Streßsituation) mit ihnen abgestimmt ist. Sie dürfen durch die Maßnahme keine größeren finanziellen Einbußen erleiden. Die Betroffenen müssen die Maßnahme „gefühlsmäßig" mittragen. Sie muß somit insgesamt sozialverträglich sein.

In welchen Bereichen liegen die größten Risiken für Fehlplanungen?

Vor Beginn der Ingenieursplanung muß mit jedem Betroffenen individuell abgestimmt und vertraglich geregelt sein, welche Einzelmaßnahmen auf seinem Grundstück erfolgen. Je detaillierter die Sanierung ausgeschrieben werden kann, desto weniger Schwierigkeiten wird es bei der Umsetzung geben. Das setzt allerdings voraus, daß sich die Betroffenen weit vor dem eigentlichen Sanierungsbeginn mit vielen Einzelheiten auseinandersetzen und Entscheidungen treffen müssen (Wird der Schuppen abgerissen oder bleibt er erhalten, wohin mit dem Inhalt? Wo sollen die neuen Plattenwege verlaufen und wie lege ich meinen neuen Garten an?).

Welche Bedeutung haben Sanierungsziele? Welche Kriterien müssen diese erfüllen?

Sanierungsziele sind für eine erfolgreiche Projektabwicklung unbedingt erforderlich. Sie sollten daher in einem verbindlichen Rahmen (s.u.) gemeinsam formuliert und mitgetragen werden. Aus fachlicher Sicht müssen sich die Ziele an der Beseitigung der Gefahr und der gesundheitlichen Vorsorge orientieren. Die Betroffenen sollten daher bereits an der Gefährdungsabschätzung (Planung und Durchführung der Untersuchungsprogramme sowie deren Bewertung) beteiligt werden. Aus Sicht der Verwaltung muß dabei auf bereits vorhandene (gesetzliche) Standards sowie Qualitäts- und Schutzziele geachtet werden. Kriterien für den daraus resultierenden Sanierungsumfang sind die technische und finanzielle Machbarkeit. Ziel muß ferner die sozialverträgliche Abwicklung der Gesamtmaßnahme sein (s.o.).

Welche Möglichkeiten zur internen und externen Kommunikation bestehen?

Bei größeren Fällen können intern die beteiligten Verwaltungseinheiten (Umwelt, Gesundheit, evtl. Liegenschaft, Stadtplanung etc.) in Lenkungs- und Arbeitsgruppen zusammengefaßt werden. Für ein erfolgreiches Projektmanagement kann bei den Betroffenen deren Organisation in einer Bürgerinitiative zweckmäßig sein (zur Meinungsbildung und Zusammenführung der Einzelinteressen). Bei kleineren Maßnahmen reicht der nachbarschaftliche Kontakt. Erleichtert wird die Arbeit, wenn den Betroffenen ein Fachverstand eigener Wahl (Vertrauensgutachter und/oder Rechtsbeistand) zur Verfügung steht. Ggf. muß die Verwaltung hierfür die finanziellen Voraussetzungen schaffen.

Für die externe Kommunikation muß ein verbindlicher Rahmen vorhanden sein, in dem die Sacharbeit beraten wird, wo Konflikte konsensorientiert gelöst und Dissens formuliert werden können. Je nach Umfang des Schadensfalles kann diese Arbeit in kleinen Planungs- und Baubesprechungen erfolgen, bis hin zur Bildung von Beiräten (ggf. mit eigener Geschäftsordnung) oder – falls erforderlich – durch Anwendung von Mediationsverfahren. Für Einzelthemen können bei Bedarf Lösungsvorschläge in Arbeitsgruppen vorbereitet werden.

Welche Kompetenzen braucht der Projektmanager?

Der/die Projektmanager/in benötigt eine fachliche und soziale Kompetenz und muß Ansprechpartner/in für alle Beteiligten sein. Bei großen Maßnahmen (und bei möglicher Schwerfälligkeit der Verwaltung) kann eine Weisungsbefugnis hilfreich sein.

KAI STEFFENS

Was sind Erfolgs- und Mißerfolgsfaktoren bei Sanierungen?

Erfolgsfaktoren sind

- *Organisation* (angemessene und klare Aufbau- und Ablauforganisation) mit klarer Zuordnung von Kompetenzen allgemein, klarer Zuordnung von Kompetenzen im konkreten Projekt und „Management-Reviews" in Intervallen.
- *Qualitätspolitik* mit Bereitstellung entsprechender Ressourcen (finanziell, personell, technisch), Bereitschaft zur Fehlervermeidung statt Reparatur oder Tolerierung (Betonung der Qualitätsplanung), Forderung nach interdisziplinärer Arbeit, Sicherstellung von Flexibilität

Die Qualitätsforderungen betreffen: Auswahl von Auftragnehmern nach Erfüllung von Grundvoraussetzungen, Dokumentation von Entscheidungen, prüfbare Dokumentation von Informationen, prüfbare Planungen, Festlegung von Anforderungen an Berichte, Durchführung von Prüfungen (projektbezogene Audits und Reviews)

In welchen Bereichen liegen die größten Risiken für Fehlplanungen?

- Unklare Kompetenzzuweisungen, die zu langen Entscheidungswegen und „volatilen" Entscheidungen führen.
- Vernachlässigung der Qualität von Untersuchungsstrategien und -arbeiten mit anschließender Überschätzung der Aussagekraft von Erkundungsergebnissen.

Welche Bedeutung haben Sanierungsziele? Welche Kriterien müssen diese erfüllen?

Sanierungsziele müssen festgelegt werden, es müssen aber nicht unbedingt Zahlenwerte (im Sinne von Konzentrationsangaben) sein. Die Festlegung muß überprüfbar und revidierbar sein.

Kriterien: Sanierungsziele sollen Schutzgüter schützen, sollen diskutiert und vereinbart werden, müssen erreichbar sein, die Erfüllung muß belegbar sein.

Wie lassen sich Aufgaben und Rollen der beteiligten Akteure beschreiben und sinnvoll voneinander abgrenzen?

Die Politik muß die generellen Strategien klar definieren (z. B. multifunktionell oder nutzungsabhängig sanieren).

Die Genehmigungsbehörde soll die Maßstäbe und Rahmenbedingungen setzen und überwachen. Die Kommune muß dabei beraten können.

Die Sanierungsträger sollen im Sinne von Projektmanagern tätig werden und auf klare Entscheidungen hinwirken.

Innerhalb der definierten Rahmenbedingungen ist zu handeln (vergl. § 31 HOAI):

- Klärung der Aufgabenstellung, Erstellung und Koordinierung des Programms für das Gesamtprojekt, Vorlage zur Genehmigung/Entscheidung
- Klärung der Voraussetzungen für den Einsatz von Planern und anderen an der Planung fachlich Beteiligten
- Aufstellung und Überwachung von Organisations-, Termin- und Zahlungsplänen, bezogen auf Projekt und Projektbeteiligte
- Koordinierung und Kontrolle der Projektbeteiligten, mit Ausnahme der ausführenden Firmen
- Vorbereitung und Betreuung der Beteiligung von Planungsbetroffenen
- Fortschreibung der Planungsziele und Klärung von Zielkonflikten
- Laufende Information des Auftraggebers über die Projektabwicklung und rechtzeitiges Herbeiführen von Entscheidungen des Auftraggebers
- Koordinierung und Kontrolle der Bearbeitung von Finanzierungs-, Förderungs- und Genehmigungsverfahren

Welche Möglichkeiten zur internen und externen Kommunikation bestehen?

Grundsätzlich:

1. Befehl und Gehorsam (sicherlich der falsche Weg)
2. Diskussion und Verhandlung (eher angebracht)

Welche Kompetenzen braucht ein Projektmanager?

Vorschlagsrecht für (projekt-)strategische Entscheidungen, Mitbestimmungsrecht bei Entscheidungen zur Wahl der Bearbeitungstaktik, Entscheidungsrecht bei der konkreten Umsetzung. Die Gesamtverantwortung für die Strategie und die Qualität bleibt beim Auftraggeber, sie ist nicht an den Projektmanager delegierbar.

W 2: „Freiwilligkeit oder Ordnungsverfügung? Erfahrungen mit Sanierungsvereinbarungen und -verträgen"

Moderation:

THOMAS BRÜGGEMANN (Referatsleiter für Rüstungsaltlasten im Hessischen Ministerium für Umwelt, Energie, Jugend, Familie und Gesundheit – HMUEJFG, Wiesbaden)

Statements:

- DR. MARKUS DEUTSCH (Rechtsanwälte Gleiss, Lutz, Hootz, Hirsch, Frankfurt/Main)
- WERNER HESSE (1. Stadtrat der Stadt Stadtallendorf)
- CHRISTIAN WEINGRAN (Projektleiter der HIM-ASG in Stadtallendorf)

Zusammenfassung der Ergebnisse

DR. FRANK CLAUS

Wesentlicher Faktor für den Abschluß einer Sanierungsvereinbarung sei die Unsicherheit der betroffenen Bürger über die Konsequenzen von Sanierungsmaßnahmen auf ihrem Grundstück. Die vertragliche Sanierungsvereinbarung wäre also ein Mittel zum Umgang mit Ängsten – Ordnungsverfügungen wären dafür nicht hilfreich. Allerdings sind die Randbedingungen im Einzelfall so unterschiedlich, daß es eine allgemeingültige Sanierungsvereinbarung kaum geben könne.

Offen blieb die Frage, ob diese Aussage auch für die Heranziehung von Bürgern als Zustandsstörer gelten könne oder ob Vereinbarungen nur dann nützlich sind, wenn die Grundstückseigentümer keinen finanziellen Beitrag zur Sanierung leisten müssen.

Für den Abschluß der Sanierungsvereinbarung komme es besonders auf gegenseitiges Vertrauen, insbesondere auf Vertrauen in die Behörden und den Sanierungsträger an. Wesentlicher Erfolgsfaktor dazu ist nach Auffassung der Teilnehmer, daß der Dialog über die Sanierung von Anfang an geführt werde (und nicht erst mit den Vertragsverhandlungen beginnt). Denn die erforderliche Glaubwürdigkeit brauche Zeit und gute Erfahrungen auch bei anderen Maßnahmen im Zusammenhang mit der Sanierung.

Was soll zwischen Betroffenen und Verantwortlichen vereinbart werden?

Nach Auffassung von Dr. Deutsch ist die Frage „Wer haftet wofür?" wesentlich für den Inhalt einer Sanierungsvereinbarung. Herr Hesse sieht neben den direkten finanziell bedeutsamen Regelungen noch den Aspekt, daß die Auswirkungen der Sanierung in der Zukunft beschrieben und geregelt werden. Die Festlegung von individuellen, detaillierten Arbeitsschritten und Maßnahmen auf den einzelnen Grundstücken ist für den Projektleiter, Herrn Weingran, eine weitere wichtige Aufgabe der Sanierungsvereinbarung.

Aus Sicht der Stadt befänden sich die betroffenen Grundeigentümer in einer Opferrolle, das Land als Sanierungsverantwortlicher besäße alle Trümpfe. In Stadtallendorf sei die Stadt als Anwalt der Betroffenen aufgetreten. Diese Rolle einer kreisangehörigen Stadt, die nicht Verursacher sei, könne jedoch nicht unbedingt auf andere Fälle und Organisationsmodelle in den Bundesländern übertragen werden. Wesentlich sei die Behebung von Kommunikationsproblemen zwischen den Beteiligten, hier spiele die Psychologie eine erhebliche Rolle.

Wie kann ein Vertrag entwickelt und abgeschlossen werden?

Eine vertragliche Vereinbarung braucht eine „Vertragspartnerschaft", daher trage sie dazu bei, daß aus Opfern Partner würden. Zu Beginn der Vertragsentwicklung sei es zu empfehlen, die eigenen Interessen jeweils darzulegen. Aus Sicht der Betroffenen müsse die Vetragsentwicklung frühzeitig beginnen. Auch für die Behörden sei das sinnvoll, um Klarheit zu gewinnen. Von der Entwicklung bis zum Abschluß sei insgesamt ein hoher Zeitbedarf erforderlich. Schließlich diene die Sanierungsvereinbarung auch dazu, den Sanierungsablauf gedanklich durchzuspielen. Dazu müsse eine detaillierte Bestandsaufnahme (in Form einer Beweissicherung) vorliegen (Garten, Wege, Mauern, Tore etc.), und das für etliche Grundstücke.

Als Stufen zur Entwicklung einer Sanierungsvereinbarung wurden beispielhaft genannt:

- Sachverhalt klären
- Vertragskonzept (Haftung und Vorgehen) skizzieren
- Verhandlungen (Gespräche) führen
- Abschluß der Vereinbarungen
- Vertragsmanagement (Umsetzung, Kontrolle)

Für die Führung der Verhandlungen sei eine kompetente (!) Vertrauensperson erforderlich. Klare Strukturen der Vertragspartner (gebündelte Zuständigkeit und nach Möglichkeit auch Verhandlungsführer bei den Betroffenen) seien nützlich. Auch die finanzielle Unterstützung der Betroffenen könne dazu dienen, daß sie sich fachlich kompetent beraten lassen können.

Unter welchen Voraussetzungen sind Verfügungen sinnvoll und wann Vereinbarungen?

Vereinbarungen sind nach Auffassung der Workshop-Teilnehmer besonders bei komplexen Fällen mit vielen Beteiligten und zur Behebung von Wertverlusten und Gesundheitsrisiken besonders geeignet, wenn ausreichend Zeit zur Verfügung stehe. Eine Vereinbarung diene der Optimierung zwischen den Interessen.

Als Vorteile von Sanierungsvereinbarungen wurden genannt:

- Rechtssicherheit für alle Vertragspartner
- Akzeptanz von Maßnahmen
- Umfassende Regelungen
- Zwang zur Einigung zwischen Beteiligten

Eine Sanierungsvereinbarung böte ferner die Chance, Randbedingungen mit festzulegen wie z.B. die externe Kommunikation (Weitergabe von Informationen an Dritte, z.B. bei einem Eigentümerwechsel etc.). Sie sei eine wichtige Planungsgrundlage für beide Vertragspartner sowie für Stadt und Sanierungsträger. Insgesamt zwinge sie zu Klarheit über das weitere Vorgehen und biete eine Möglichkeit, zukünftige Risiken abzusichern.

Doch nicht in allen Fällen sei der Abschluß einer Sanierungsvereinbarung empfehlenswert. So gebe es eine Grenze bei geringer Betroffenheit (z.B. bei Grundwasserschadensfällen). Ordnungsverfügungen wären ferner dann besonders in Erwägung zu ziehen, wenn die Rechtslage des Falles eindeutig, die Situation wenig komplex und Eile geboten sei.

Als Vorteile von Ordnungsverfügungen wurden genannt:

- schnell zu erlassen
- Vollstreckung durch Behörden möglich

Gleichzeit bestünden bei Ordnungsverfügungen einige Nachteile:

- die Refinanzierung des Aufwandes ist möglich aber unsicher
- das Prozeßrisiko ist hoch (Verfahrensfehler sind recht häufig)
- Verfügungen sind auf Maßnahmen zur Gefahrenabwehr beschränkt.

Statements

DR. MARKUS DEUTSCH

Altlasten als Herausforderung für alle Beteiligten

1. Überbaute und bewohnte Altlasten stellen für Eigentümer und Nutzer der betroffenen Grundstücke eine wirtschaftliche und soziale Katastrophe dar. Die Betroffenen haben die Verunreinigungen meist nicht selbst verursacht. Die belasteten Grundstücke und die Bebauung stellen ihr wesentliches Vermögen dar. Das Immobilieneigentum wird durch die Feststellung der Boden- und/oder

Grundwasserverunreinigungen wirtschaftlich wertlos. Wenn von den Kontaminationen Gefahren für Leben und Gesundheit, Grundwasser – und künftig – von Bodenfunktionen ausgehen, haften sie auf Gefahrenabwehr. Die Haftung ist grundsätzlich unbeschränkt. Ausnahmen kommen nur in wenig praxisrelevanten Fällen in Betracht, in denen die Betroffenen beim Grundstückserwerb in der Rolle des „ahnungslosen Opfers" waren. Darüber hinaus werden zahlreiche immaterielle Interessen (Lebensqualität, soziale Bindung etc.) beeinträchtigt.

2. Auch für die Kommunen und Behörden stellen bewohnte Altlasten eine große Herausforderung dar. Die zuständigen Behörden sehen sich in der Regel einem komplexen Sachverhalt mit vielen Beteiligten und Betroffenen gegenüber. Die Situation birgt ein hohes Konfliktpotential. Politischer Druck zwingt oft zu schnellem, übereiltem Handeln. Für die Kommunen sind bewohnte Altlasten nicht nur ein kommunalpolitisches Problem. Sie werfen erhebliche rechtliche – bei einer Bauleitplanung auch haftungsrechtliche Fragestellungen auf.

Handlungsinstrumente

1. Altlastenrecht ist nach wie vor durch das klassische Ordnungsrecht geprägt. Die Behörde nimmt die für die Beseitigung der Gefahren verantwortlichen Verursacher (sofern sie noch festzustellen sind) oder die Zustandsverantwortlichen (Eigentümer und Inhaber der tatsächlichen Gewalt wie Mieter, Pächter, etc.) durch Ordnungsverfügung in Anspruch.
   a) Die Ordnungsverfügung hat den Vorteil der schnellen Einsetzbarkeit. Die Behörden können unverzüglich die notwendigen Maßnahmen anordnen. Die Anordnungen können für sofort vollziehbar erklärt werden; Rechtsbehelfe der Betroffenen haben dann keine aufschiebende Wirkung. Die Behörde beschafft sich auf diese Weise einen Vollstreckungstitel gegen die Sanierungsverantwortlichen und damit auch die Möglichkeit der Refinanzierung bei der Ersatzvornahme.
   b) Diesen Vorteilen stehen auch Nachteile gegenüber. Die Adressaten der Ordnungsverfügung werden sich mit Rechtsbehelfen wehren. Ihr Ziel ist es, die mit der Inanspruchnahme verbundene finanzielle Belastung vor allem zeitlich zu strecken. Gerade bei komplexen Sachverhalten besteht ein nicht unerhebliches Prozeßrisiko für die Behörde. Oft verfügen die in Anspruch Genommenen nach Ablauf einer gewissen Zeit nicht mehr über die erforderliche finanzielle Leistungsfähigkeit; die Kosten bleiben bei der Behörde.
   c) Der Handlungsspielraum der Ordnungsverfügung ist zudem auf die Gefahrenabwehr begrenzt. Die weiteren mit Altlasten verbundenen Probleme (Entsorgung, Schadensersatz etc.) lassen sich mit diesem Instrument praktisch nicht bewältigen.

2. Neben die Ordnungsverfügung tritt zunehmend der verwaltungsrechtliche Vertrag.
   a) Auf den ersten Blick ist seine Notwendigkeit nicht einsichtig. Bei klarer Sach- und Rechtslage wird die Behörde vielfach nicht bereit sein, dem

Verantwortlichen auf dem Wege einer Vereinbarung entgegenzukommen. Umgekehrt besteht für den Betroffenen dann keine Veranlassung zum Vertragsabschluß, wenn seine Verantwortlichkeit oder der Umfang der Sanierungspflicht unzweifelhaft ist.

b) Trotzdem gibt es in der Praxis ein erhebliches Bedürfnis nach vertraglichen Vereinbarungen. Die Rechtslage ist oft nicht eindeutig. Rechtsbehelfe drohen, das Verfahren zu verzögern. Vereinbarungen schaffen dann Rechtssicherheit; sie genießen erhöhte Akzeptanz. Finanzielle Belastungen und Verpflichtungen der Beteiligten lassen sich klar abstecken und abgrenzen.

c) Die Sanierungsvereinbarung ist zudem – anders als die Ordnungsverfügung – nicht auf die Gefahrenabwehr beschränkt. Es können zahlreiche weitere Komplexe wie Entsorgung, Schadensersatz, Haftungsbegrenzung, Nutzungsverpflichtungen, städtebauliche und soziale Probleme mitgeregelt werden.

3. Welches der beiden Instrumentarien vorzuziehen ist, hängt vom Einzelfall ab. Die Sanierungsverfügung hat dann ihren Platz, wenn die rechtliche Situation eindeutig ist, die Sanierungsverantwortlichkeit und die Sanierungspflicht feststehen und schnell gehandelt werden muß. In komplexen tatsächlichen und rechtlichen Situationen mit zahlreichen Beteiligten und hoher politischer Sensibilität bietet die Sanierungsvereinbarung Vorteile. In vielen Fällen müssen beide Instrumente kombiniert werden. Maßnahmen zur Abwehr und Eindämmung der gravierendsten Gefahren werden ordnungsrechtlich angeordnet; die weitere Abwicklung erfolgt dann auf vertraglicher Basis.

4. Voraussetzung für den Erfolg sowohl des einen als auch des anderen Instrumentes ist gerade bei komplexen Sachverhalten ein umfassendes Verfahrens- und Projektmanagement. Die Sanierung wird nicht optimal ablaufen, wenn es nicht klare Vorgaben, einen sinnvollen Ablaufplan und umfassende Information und Einbindung aller Beteiligten gibt.

Die Entwicklung der Vereinbarung

Die Mustervereinbarung, die für alle Sanierungsfälle paßt, gibt es nicht. Eine Sanierungsvereinbarung ist fallbezogen zu entwickeln. Dafür müssen verschiedene Voraussetzungen erfüllt werden.

1. Ohne ausreichende Informationsbasis ist eine Entscheidung für eines der Handlungsinstrumente – Vereinbarung oder Ordnungsverfügung – nicht möglich. Daher muß in einem ersten Schritt der Sachverhalt umfassend aufgeklärt und eine fundierte Gefährdungsabschätzung getroffen werden.

2. Dann müssen die Partner der Vertragsverhandlungen festgelegt werden. Das sind nicht zwingend die Vertragspartner. Gerade bei der Beteiligung von Privatpersonen und bei Vorhaben von großer politischer Bedeutung können Verhandlungspartner und Vertragspartner sich unterscheiden. Bei bewohnten Altlasten kommt hier der Kommune eine zentrale Rolle zu. Sie hat eine originäre Katalysatorfunktion. Im Idealfall bündelt sie die Interessen der Betroffenen und stellt das Vertrags- und Verhandlungsmanagement sicher.

3. Auf der Basis der umfassenden Informationsgrundlage werden die Vertragsinhalte entwickelt. Inhalt und Regelungsdichte können variieren. Sanierungsvereinbarungen mit Privaten haben notwendigerweise andere Inhalte als Vereinbarungen mit Unternehmen. Im Idealfall behandelt die Sanierungsvereinbarung alle durch die Sanierung aufgeworfenen regelbaren Probleme (also nicht nur die durch die Verunreinigung verursachten Gefahren) umfassend.

4. Die Entwicklung des Sanierungsvertrages endet nicht mit dem Vertragsschluß. Die entscheidende Phase ist die anschließende Umsetzung und Realisierung. Dieses Vertragsmanagement stellt hohe Anforderungen an die Beteiligten. Das gilt insbesondere für die betroffenen Privatpersonen, aber auch für die Behörden. Hier zeigt sich, ob die Sanierungsvereinbarung handhabbar ist und sie gegebenenfalls ergänzt, erweitert oder eingeschränkt werden muß.

Sanierungsvereinbarungen und Ausgleich zwischen Verursacher und Zustandsverantwortlichem

1. Die Praxis zeigt, daß bei der Sanierung von Bodenverunreinigungen zunehmend der Zustandsverantwortliche (also der Eigentümer oder der Inhaber der tatsächlichen Gewalt) herangezogen wird. Dieses Ergebnis ist insbesondere aus der Sicht des Zustandsverantwortlichen unbefriedigend, zumal seine Haftung nicht von einem schuldhaften Verhalten abhängt.

2. Ausgleichsansprüche der Sanierungsverantwortlichen untereinander haben bisher nur Landesgesetze eingeführt. Mehrere Sanierungsverantwortliche haften als Gesamtschuldner und haben untereinander einen Ausgleichsanspruch. Zahlreiche Probleme dieses Ausgleichsanspruchs sind noch ungeklärt.

3. Große praktische Relevanz hat dieser Ausgleichsanspruch jedoch nicht. Vielfach wird der Verursacher der Verunreinigung nicht mehr greifbar sein. Oft handelt es sich um mittlerweile untergegangene Unternehmen oder es stellen sich schwierige Rechtsnachfolgefragen, die eine Inanspruchnahme des Rechtsnachfolgers außerordentlich schwierig machen.

4. Eine gesetzliche Neuregelung des Verhältnisses mehrerer Sanierungsverantwortlicher untereinander kann daher nur begrenzt helfen. Auch vertragliche Lösungen helfen nicht weiter, wenn der Verursacher sich nicht einbinden läßt; er kann dazu nicht gezwungen werden. Die damit verbundenen Probleme können im Ergebnis nicht rechtlich, sondern nur politisch gelöst werden.

Bewertung

Das vergleichsweise grobmaschige Instrumentarium des Polizei- und Ordnungsrechts wird durch moderne Altlasten- und Bodenschutzgesetze zunehmend verfeinert. Konsensuale Instrumente wie der Sanierungsvertrag werden praktisch anerkannt und erlangen zunehmende Bedeutung. Der Erfolg dieser Instrumente hängt aber davon ab, daß sie in den richtigen Situationen eingesetzt, richtig vorbereitet, entwickelt und umgesetzt werden. Dies setzt ein hohes Maß an Einigungsfähigkeit, einen Verzicht auf überkommene Denkstrukturen und Besitzstände sowie eine umfassende Information und Koordination aller Beteiligten bei Planung, Abschluß und Umsetzung der Vereinbarung voraus.

CHRISTIAN WEINGRAN

1. Die Sanierungsvereinbarung regelt Rechte und Pflichten der Vertragspartner Grundstückseigentümer und Land. Sie schafft Rechtssicherheit und damit eine wesentliche Voraussetzung für eine reibungslose Sanierung.

2. Die Sanierungsvereinbarung besteht aus einem allgemeinen, vom Land Hessen, der Stadt Stadtallendorf und dem Projektbeirat ausgehandelten Teil und grundstücksspezifisch zu vereinbarenden Detailregelungen.

3. Grundstücksbezogene Regelungen sind vorgesehen für den Umgang mit Gärten, insbesondere von Gehölzen, die Sicherung von Gebäuden, besondere Gefahrensituationen, Nutzungsentschädigungen und Termine. Sie werden durch das BBB (im Auftrag des Regierungspräsidiums) in Gesprächen mit den Grundstückseigentümern zusammengestellt und dem RP als Entwurf vorgelegt.

4. Die Sanierungsvereinbarung sollte neben detailgenauen Regelungen Spielräume lassen, die altlastenspezifische Besonderheiten (vor allem: Ausweitung des Sanierungsumfangs und damit Überschreitung von Terminen) berücksichtigen.

5. Die Sanierungsvereinbarung sollte so frühzeitig wie möglich vorliegen damit die vereinbarten Regelungen bei der Vorbereitung (Ausführungsplanung, Ausschreibung) und Durchführung der Sanierung berücksichtigt werden können.

6. Für die Sanierungsvereinbarungen sollten ausreichende Informationen aus der Sanierungsplanung, der Beweissicherung und der Bestandsaufnahme der Vegetation vorliegen.

7. Der abschließenden Formulierung der Sanierungsvereinbarung geht eine Prüfung der technischen Machbarkeit der vereinbarten Regelungen durch den Sanierungsträger voraus.

8. Für die Sanierungsvereinbarungen ist ein Vertragscontrolling aufzubauen, das die Einhaltung von Terminen, die Ausführung vereinbarter Maßnahmen verfolgt. Bei den verantwortlichen Akteuren (RP und ASG) sind Pflichtenkataloge zu führen.

WERNER HESSE

Die Frage der Entscheidung zwischen Sanierungsvereinbarungen und Ordnungsverfügungen zur Sanierung ist nicht zuerst unter rechtlichen Gesichtspunkten zu
treffen, sondern sie muß ansetzen am zentralen Punkt der Situation der Sanierungsbetroffenen, vor allem ihrer psychologischen. Man kann sich dies sehr gut
verdeutlichen am Beispiel der Rüstungsaltlast in Stadtallendorf.

Die Erkenntnis, daß die Überbleibsel der Munitionsfabriken aus der Nazizeit in
Stadtallendorf eine Altlast darstellen, griff im öffentlichen Bewußtsein erst vor
etwa zehn Jahren Platz. Bis dahin gingen die Bewohner auf dem Gelände der
ehemaligen Fabrikationsstätten subjektiv davon aus, daß ihre Häuser und Grundstücke eine völlig unproblematische Nutzung ermöglichen. Insofern stellte die
Mitteilung über Altlasten in diesem Gebiet eine große psychologische Belastung
dar, auf die die Bewohner mit den gängigen Verhaltensmustern reagierten: Die
Probleme wurden anfänglich geleugnet, man verwies darauf, daß ja seit Jahrzehnten die Grundstücke ohne offensichtlichen gesundheitlichen Schaden genutzt
wurden.

Erst nach einer gewissen Zeit stellte man sich den Realitäten und bemühte sich,
die Lösung der Probleme voranzutreiben. Für die Beteiligung der Bürger wurde
vom Land modellhaft ein Projektbeirat ins Leben gerufen, in dem sowohl betroffene Bürger, als auch Vertreter aus Politik und von den wichtigen Behörden zu-
sammengeführt wurden. Vor allem in Rahmen diese Projektbeirats sammelten die
Bürger Erfahrungen, wie sich ihre Situation als Altlastenbetroffene darstellt, und
wer entscheidend die konkreten Auswirkungen der Altlast bestimmt. Dabei stellte
man sehr schnell fest, daß für fast alle Fragen, die von Bedeutung für die Bürger
waren, die entscheidende Einflußgröße das Land Hessen darstellte:

- Als erstes schloß das Land Hessen einen Vergleich mit der Gesellschaft, die
  Rechtsnachfolgerin der ehemaligen Betreiber der Munitionsfabriken ist. In diesem Vergleich übernahm das Land Hessen gegen Zahlung eines Geldbetrages
  von der Gesellschaft die Verpflichtungen, die aus dem ehemaligen Produkti-
  onsprozeß der Munitionsfabriken herrührten. Damit war der Verursacher aller
  Pflichten ledig und das Land stellvertretend dafür in der Verantwortung. Und
  damit auch der Finanzier der notwendigen Maßnahmen.

- Als zweites schuf das Land Hessen in dieser Zeit ein Altlastengesetz. Im Ent-
  stehungsprozeß dieses Gesetzes wurden die Stadtallendorfer sogar beteiligt, um
  dann aber am Ende feststellen zu müssen, daß viele der aus ihrer Sicht wichtigen Forderungen nicht in das Gesetz Eingang gefunden hatten. So blieb weiterhin enthalten die letztendliche Sanierungverpflichtung der Grundstückseigentümer, wenn kein anderer greifbar ist, oder auch die generelle Möglichkeit zu
  Erhebung eines Wertzuwachsausgleichs, oder auch die sogenannte Sanierung
  durch Sicherung.

- Als drittes erlebten die Bürger, daß die mit dem Altlastengesetz verankerte
  nutzungsabhängige Sanierung ausgehen mußte von einer Gefährdungsabschätzung, die für die unterschiedlichen Nutzungsarten der Grundstücke Sanierungseingreifwerte festlegte. Und die Festlegung dieser Werte, und damit die Festlegung, welche Grundstücke zu sanieren sind, war wiederum die Entscheidung
  des Landes Hessen.

Damit waren alle relevanten Aspekte beim Land Hessen: Es legte über sein Altlastengesetz fest, wer in welchem Umfang Auswirkungen und Kosten von Altlastensanierungen zu tragen hat, es bestimmte nach Gesetz, daß auch eine Sicherung statt einer Sanierung zulässig sein durfte, es entschied durch die Festlegung der Sanierungseingreifwerte über den Sanierungsumfang und damit dessen Kosten, die ja wiederum beim Land Hessen lagen und an deren möglicher Verringerung das Land naturgemäß ein Interesse haben muß. Daß aus solchen Realitäten fast zwangsläufig ein Gefühl des Ausgeliefertseins resultieren mußte, scheint klar.

In dieser Situation ist der von der Sanierung Betroffene nicht Subjekt, sondern Objekt, nicht Handelnder, sondern Ertragender, Duldender. In einer solchen Rahmenkonstellation muß eine Sanierung über Ordnungsverfügung wie eine Fortsetzung dieses Ausgeliefertseins erscheinen.

Die fast zwangsläufige Folge wäre absehbar: Das Ergebnis einer auf einer Ordnungsverfügung beruhenden „Sanierung" würde in den Augen der Betroffenen negativ beurteilt – egal wie es konkret aussieht.

Diese Situation ändert sich völlig, wenn man den Versuch unternimmt, eine Sanierungsvereinbarung mit den Betroffenen zu schließen. Das „passive Opfer" der Altlast, nämlich der Betroffene, wird zum handelnden Akteur. Er kann seine Bedenken im Vorfeld einbringen, erlebt wie sie aufgegriffen und abgearbeitet werden. Er weiß vorher, was in der Zeit der Sanierung passiert und was danach noch geschieht. Er kennt die Zielvorgaben und kann den Erfolg selber kontrollieren.

Diese Veränderungen beim Sanierungsbetroffenen sind Ursache für die wichtigsten Auswirkungen auf den Sanierungsprozeß: Ein durch Sanierungsvereinbarung mit dem Betroffenen abgestimmter Sanierungsverlauf erfährt keine Störungen und Verzögerungen durch den Betroffenen. Die Zeit, die für das Aushandeln einer Sanierungsvereinbarung aufgewandt wird, wird im weiteren Verlauf der Sanierung mehr als wieder wettgemacht: Kein Widerstand, keine Rechtsmittel führen zu unkalkulierbaren Verzögerungen. Die Sicherheit bei der Planung und Durchführung der Sanierungsmaßnahme ist hoch. Damit ist ein großer finanzieller Unsicherheitsfaktor für den Sanierungsverantwortlichen eliminiert.

Somit ist als generelles Fazit festzustellen, daß Sanierungsvereinbarungen in praktisch allen Fällen vorzuziehen sind. Der mit ihnen verbundene Nutzen übersteigt den für sie notwendigen Aufwand bei weitem.

Aus diesen allgemeinen Überlegungen heraus ergeben sich auch Schlußfolgerungen hinsichtlich der Verfahrensschritte, die zur Erreichung von Sanierungsvereinbarungen ergriffen werden sollten.

Aus der psychologischen Situation der Betroffenen heraus ist es unerläßlich, daß sie bei der Erarbeitung der Sanierungsvereinbarung nicht auf sich allein gestellt sind. Es sollten „Fachpersonen" mitwirken, die das Vertrauen der Betroffenen besitzen, und die offensichtlich nicht in Interessenübereinstimmung mit dem Land stehen dürfen.

In der konkreten Situation in Stadtallendorf waren dies Vertreter der Stadt Stadtallendorf sowie ein von der Stadt beauftragter Fachanwalt. Damit stand fachliche Kompetenz zur Verfügung. Daß die Stadt sich nicht als verlängerter Arm des Landes verstand, sondern auf der Seite der Betroffenen stand, hatte sie in den zurückliegenden Jahren bereits bewiesen.

Diese Fachpersonen standen in ständigem Gesprächskontakt mit den Vertretern der Betroffenen. Sie informierten über gelaufene Gespräche und koordinierten die zu klärenden Sachverhalte. Bei den Verhandlungen mit den verschiedenen Ebenen des Landes traten sie jedoch in eigener Verhandlungsposition auf.

Allgemein sollte für die Entwicklung einer Sanierungsvereinbarung ein iteratives Verfahren gewählt werden: Zunächst einmal sollten beide Vertragsparteien ihre grundsätzliche Ausgangsposition darlegen. Ohne in dieser Phase schon Aussagen über die (rechtliche oder politische) Durchsetzbarkeit der eigenen Position voranzustellen, sollte so die „Befindlichkeit" der beiden Seiten herausgearbeitet werden. Denn wie kann eine Landesbehörde ohne Erläuterung die Situation eines Betroffenen verstehen, und wie kann ein Betroffener ohne Erläuterung die rechtlichen Gegebenheiten einer Landesbehörde nachvollziehen?

In Stadtallendorf zeigte sich, daß nach dieser Phase auch schon klar erkennbar war, wo für die weiteren Verhandlungen Konfliktpunkte lagen. Für die folgenden Gesprächsrunden bestand die Hauptaufgabe der Verhandlungsparteien darin, für die jeweils andere Seite eine Lösung zu entwickeln, die in ihrer immanenten Logik die Zwangspunkte des anderen berücksichtigte, aber dennoch die eigenen Wünsche umsetzbar machte. In einer Reihe von Gesprächen konnte so ein Problempunkt nach dem anderen abgearbeitet werden.

Dieser iterative Ansatz legt auch eine weitere Empfehlung nahe: Wenn Sanierungsvereinbarungen mit mehreren Betroffenen abgeschlossen werden sollen, so sollte man zunächst einen allgemeinen Teil entwickeln, der für alle Betroffenen gleich ist, und der um die notwendigen individuellen Festsetzungen ergänzt wird. So wird die grundsätzliche Gleichbehandlung aller weitaus transparenter, als wenn man völlig individualisierte Verträge erarbeitet.

Eine solche gemeinschaftliche Kernstruktur empfiehlt sich auch deshalb, weil die zu regelnden Sachverhalte über verschiedene Betroffene hinweg ja identisch sind:

Für die Betroffenen sind die wichtigsten zu regelnden Aspekte die Frage der Übernahme der Kosten der Sanierung und ihrer rechtlichen Position in der Zukunft nach Abschluß der Sanierung. Von den Fragen, die darüber hinaus einer Regelung bedürfen, sind vor allem die Konditionen der Wiederherstellung des Sanierungsgrundstückes von Bedeutung.

Für die Sanierungsverantwortlichen stehen vor allem die Durchführungsmodalitäten im Zentrum des Regelungsbedarfs: Art und Umfang der Sanierung und die Ermöglichung ihrer Durchführung haben hier die größte Bedeutung. Hinzu kommt die Sicherung vor „Mißbräuchen" im Kontext der Sanierung.

Am Beispiel in Stadtallendorf konnten in dem Kernteil der Sanierungsvereinbarung nachstehende wichtige Fragen geklärt werden:

- Kostenträgerschaft für die Sanierung
- Verzicht auf Wertzuwachsausgleich
- Betretungsrechte zum Zwecke der Sanierung auch dann, wenn das eigene Grundstück nicht betroffen ist
- finanzielle Regelung der Kosten von Untersuchungen und Bodenbeseitigung in der Zukunft
- rechtliche Position bei veränderten Eingreif- und Sanierungswerten

- Fortbestand der Rechtsposition des Eigentümers im Erbfall oder bei Veräußerungen
- Anspruch auf kostenlose Errichtung einer unbelasteten Nutzgartenfläche

Diese Liste der erfolgreich einvernehmlich geregelten hochkomplexen Fragestellungen zeigt sehr eindrucksvoll, wie erfolgreich Sanierungsvereinbarungen als gestaltende Elemente sind: Keine Ordnungsverfügung wäre im Stand gewesen, diese Fragen alle zur gegenseitigen Zufriedenheit zu regeln.

Mit diesen Erfahrungen sollte auch für andere Sanierungsfälle die Sanierungsvereinbarung als das Mittel der Wahl gelten – jedenfalls dann, wenn man erfolgreich sanieren will.

W 3: „Wie können Altlastensanierungen ökonomisch und ökologisch optimiert werden?"

Moderation:

DR. UWE WITTMANN (Umweltbundesamt)

Statements:

- JOACHIM ADAMS (Staatliches Umweltamt Bad Hersfeld)
- ULRICH URBAN (HIM-ASG)

Zusammenfassung der Ergebnisse

MARCUS BLOSER

Konsense und Kontroversen

Konsens bestand in der Einschätzung, daß bei der Sanierungsplanung und -ausführung die Kommunikation mit allen beteiligten Akteuren über die Planung der jeweiligen Teilschritte der Sanierung und die Vereinbarung der anzustrebenden Standards besonders bedeutsam sei.

Konsens bestand weiter bei der Benennung folgender Erfolgsfaktoren für eine nach ökologischen und ökonomischen Kriterien ausgerichtete Sanierungsplanung:

- Die Vorplanung bestimme weitestgehend den weiteren zeitlichen Verlauf und die Kosten der Sanierung.
- Zwischen allen beteiligten Akteuren der Sanierung sei eine effiziente Kooperation erforderlich; insbesondere zwischen Politik, Behörden und Sanierungsträger bzw. Planer.
- Die zur Verfügung stehende Zeit und die im Verhältnis zur Kontamination und Nachfolgenutzung angemessene Sanierungstechnik seien die wesentlichen Kostenfaktoren.
- Die Sanierungstechnik solle unter Berücksichtigung des Kostenaspekts und der anzustrebenden Qualitäts- und Umweltstandards der Sanierung und Nachfolgenutzung ausgewählt werden.
- Bei allen Projektbeteiligten (insbesondere bei Sanierungsplanern, Genehmigungs- und Überwachungsbehörden) sei eine hohe Qualifikation erforderlich.

- Bei öffentlich finanzierten Projekten sei die Gewährleistung der Kontinuität in der Mittelplanung ein wesentlicher Erfolgsfaktor.

Kontrovers wurden folgende Fragen diskutiert:

- Welchen Stellenwert wird der ökologische Anspruch bei der Altlastensanierung in Zukunft einnehmen?
- Welche Handlungsspielräume bestehen bei der Variantenprüfung in der Phase der Sanierungsplanung?
- Sind weitere gesetzliche Standards für die Sicherung der Standards notwendig oder führen diese nur zu einer weiteren Verteuerung der Sanierung?
- Stellt die Deponierung des (vorbehandelten) Bodenaushubs eine ökologisch vertretbare Variante dar?
- Wie kann in der Praxis eine ökologisch vertretbare Abgrenzung des individuellen Wohls zum Allgemeinwohl vorgenommen werden?

Fragestellungen der Diskussion

Aufbauend auf den einführenden Statements von

1. Herrn Urban (Projektleiter Altlastensanierung der HIM-ASG) und
2. Herrn Adams (staatliches Umweltamt Bad Hersfeld)

wurden folgende Fragen in dem Workshop diskutiert:

- Wo liegen die größten Risikoquellen bei der Sanierungsplanung?
- In welchen Bereichen bestehen bei der Planung und Ausführung Einsparpotentiale? Wo sollte in man in keinem Fall sparen?
- Bei welchen Qualitätsstandards bestehen welche Ermessensspielräume?
- Welche Sanierungsverfahren kann man unter Berücksichtigung der ökologischen / ökonomischen Optimierung bei der Sanierung bewohnter Altlasten empfehlen?

Wo liegen die größten Risikoquellen bei der Sanierungsplanung?

Eine große Bedeutung wurde der Grundlagenermittlung in der Phase der Erkundung und Untersuchung beigemessen. Hier würden die Weichen für den weiteren Sanierungsverlauf gestellt, hier gemachte Fehler könnten im weiteren Verlauf nur sehr aufwendig korrigiert werden. Daher wurde eine umfassende Variantenbetrachtung im Rahmen der Vorplanung als wichtiges und notwendiges Instrument eingestuft. Kontrovers wurde in diesem Zusammenhang der Zeitpunkt und die Handlungsspielräume der Variantenprüfung diskutiert. Zum einen wurde die Durchführung in einem sehr frühen Stadium gefordert. Den Behörden sollten bei der Prüfung weite Spielräume eingeräumt werden. Andere Teilnehmer sahen es als sinnvoll an, die Variantenprüfung erst durchzuführen, nachdem größere Klarheit über die Machbarkeit und die Festlegung der Nachfolgenutzung besteht. In dieser Phase würde durch die größere Planungssicherheit eine größere Chance bestehen, unproduktive Konflikte zwischen Planern und Genehmigungsbehörden vermeiden zu können.

Weiterhin wurde ein großes Risiko der Fehlplanung darin gesehen, daß vorliegende Meßergebnisse von Gutachtern oder Behörden falsch interpretiert würden, und darauf aufbauend unangemessene Ziele und Maßnahmen entwickelt werden. Kontrovers wurde die Einführung weitergehender gesetzlicher Standards und Normierungen zur Beurteilung der Gefahrensituation diskutiert. Vorteile lägen in der Schaffung einer größeren Planungssicherheit und der Vereinheitlichung von Verfahren (Vergleichbarkeit). Nachteile wurden in einer Eingrenzung der Kreativität und situationsangemessenen Beurteilung der Gefahrensituation gesehen.

Weitere Risikoquellen wurden in einer mangelnden Qualifikation der beteiligten Sanierungsplaner und Behörden und in einer unzureichenden Beteiligung der Öffentlichkeit gesehen.

Bei Projekten, die von der öffentlichen Hand finanziert würden, bestünden weitere Risiken durch unerwartete Mittelkürzungen, die negative Auswirkungen auf die Qualitätssicherung haben und durch die notwendigen Umplanungen zu weiteren Kostensteigerungen führen könnten.

In welchen Bereichen bestehen bei der Planung und Ausführung Einsparpotentiale? Wo sollte in man in keinem Fall sparen?

Die größten Einsparpotentiale wurden in der geeigneten Technikauswahl (Sanierung, Sicherung oder Entsorgung) gesehen. Hier könnten Einsparungen von bis zu 50 % erreicht werden (Anteil der technischen Kosten an den Gesamtkosten sind erfahrungsgemäß gleich 30 bis 70 %). Daneben sei Planungssicherheit, ob von Behördenseite oder Sanierungsträger, ein entscheidender Faktor für die Länge der Verfahren und somit der anfallenden Kosten. Über die Festlegung einer der Kontamination und den zur Verfügung stehenden Sanierungstechniken angepaßten Nachfolgenutzung könnten die Kosten maßgeblich beeinflußt werden. Keinesfalls sollte bei der Vorerkundung, an einem zielorientierten Projektmanagement oder der Öffentlichkeitsbeteiligung gespart werden, da dies neben der Kreativität der Projektbeteiligten bestimmende Faktoren für effektive und kostensparende Verfahren seien.

Bei welchen Qualitätsstandards bestehen welche Ermessensspielräume?

Die Qualitätsstandards würden in Verfahren von den Projektbeteiligten durch das Fehlen gesetzlicher Standards selbst gesetzt. Von Behördenseite würde eine Obergrenze durch das sogenannte Übermaßverbot bestehen, durch das ein unverhältnismäßig hoher Mitteleinsatz vermieden werden solle. Kontrovers wurde die Frage nach der Notwendigkeit gesetzlicher Standards diskutiert. Ein Teil sah hier durch Standards größere Chancen zur Vereinheitlichung und zur Schaffung von Planungssicherheit. Ein andere Meinung war, daß aufgrund der großen Unterschiede jeder Altlast ohnehin situationsangemessene und der Nachfolgenutzung angepaßte Standards einzelfallspezifisch entwickelt werden müßten.

Die Wertigkeit der Deponierung von ausgehobenen kontaminierten Böden wurde ebenfalls kontrovers diskutiert. Vorteile der Deponierung wurden in der sicheren Lagerung des Bodens auf der Deponie gegenüber der Altlast gesehen. Andere Teilnehmer werteten die Deponierung lediglich als zeitliche und räumliche Verlagerung des Problems.

Bei der Einschätzung der zukünftigen Bedeutung der ökologischen Standards der Sanierung gab es ebenfalls unterschiedliche Meinungen. Während die eine Seite meinte, daß durch technische Weiterentwicklungen und zunehmenden praktischen Erfahrungen auch die Ansprüche an die Sanierung zukünftig wachsen werden, sprachen andere Teilnehmer davon, daß ökologisch anspruchsvolle Sanierung ohne öffentliche Fördermittel zukünftig nicht finanzierbar wären. Daher solle man sich von der Idealvorstellung einer ökologisch anspruchsvollen Sanierung zukünftig aus pragmatischen Gründen verabschieden.

Welche Sanierungsverfahren kann man unter Berücksichtigung der ökologischen / ökonomischen Optimierung bei der Sanierung bewohnter Altlasten empfehlen?

Die Sanierungstechnik solle entsprechend der vereinbarten Standards und der gewählten Nachfolgenutzung ausgewählt werden. Einem Aushub mit anschließender Behandlung oder Deponierung wurde der Vorzug vor einer nur zeitlich begrenzt wirksamen Standortsicherung gegeben. Außerdem seien bei der Sicherung die hohen Folgekosten in die Gesamtkalkulation mit einzubeziehen. Dadurch würden sich die zunächst scheinbar vorhandenen Kostenvorteile der Sicherung langfristig relativieren.

Grundsätzlich könne man bei der Auswahl der Sanierungstechnik jedoch keine Patentrezepte entwickeln, da die Rahmenbedingungen bei der Sanierung bewohnter Altlasten zu unterschiedlich seien. Als hilfreich wurden hier dennoch klare gesetzliche Kriterien für die Auswahl und vor allem die Zulässigkeit von Sanierungstechniken bei bestimmten Verunreinigungen und unterschiedlich sensiblen Nachfolgenutzungen eingeschätzt.

Statements

JOACHIM ADAMS

Wo liegen die größten Risikoquellen bei der Sanierungsplanung?

Die Sanierungsplanung muß alle konzeptionellen und technisch-organisatorischen Maßnahmen zur optimalen Erreichung der Sanierungsziele enthalten. Sie muß einerseits die kosten- und nutzungsmäßigen sowie die zeitlichen Vorstellungen des Auftraggebers berücksichtigen und andererseits genehmigungsfähig sein.

Der Planungsabschnitt der Grundlagenermittlung (u.a. Sanierungsuntersuchung), welcher insbesondere die Ermittlung des Schadstoffinventars und die Bewertung der Gefährdungssituation beinhaltet, birgt das höchste Risikopotential für den Erfolg der Sanierung. Falsche oder unzureichende Grundlagen führen zu einer fehlerhaften Gesamtplanung, z.B. im Hinblick auf Sanierungsziele, Kosten und Zeit.

Der nachfolgenden Vorplanung mit den Teilschritten Erarbeitung von Zielvorstellungen, Variantenbetrachtung, Prüfung der Realisierbarkeit, Verfahrensvorschlag und Kostenschätzung kommt bei sachgerechter Grundlagenermittlung ein vermindertes aber dennoch hohes Gesamtrisiko zu.

Die Entwurfs-, Genehmigungs- und Ausführungsplanungen können als aufeinander aufbauende Planungsschritte bei jeweils sachgerechter Vorleistung hohe partielle Risikoquellen in einzelnen Planungsbereichen enthalten, wobei Mängel aber später z.B. im Genehmigungsverfahren oder bei der Vergabe behoben werden können.

Im Umfeld der an einer Sanierungsplanung Beteiligten kommt der Qualifikation des Planers bei allen Planungsschritten die Schlüsselposition zu. Von seiner Leistung hängt der technische und wirtschaftliche Erfolg der Sanierung wesentlich ab. Voraussetzung ist, daß der Auftraggeber ein hinreichendes Planungs- und Zeitbudget zur Verfügung stellt.

Als weitere Risikoquellen sind mangelnde oder nicht rechtzeitige Behörden- und Öffentlichkeitsbeteiligung sowie politische, zeitliche oder finanzielle Restriktionen zu nennen.

In welchen Bereichen bestehen bei der Planung und Ausführung Einsparpotentiale? Wo sollte man in keinem Fall sparen?

Vorbemerkung:

> In Analogie zu Bauleistungen beinhaltet nicht die Ausführung, sondern die Planung die größten Fehlerquellen (Einsparungspotential Fehlerminimierung).

Als Planungsleistung mit hohen Einsparpotentialen sind insbesondere Grundlagenermittlung und Vorplanung zu nennen. Eine hier erzeugte hohe Planungssicherheit wirkt kostensenkend.

Da die Sanierungstechnologie den Großteil der Gesamtsanierungskosten darstellt, kommt der sorgfältigen Verfahrensauswahl eine besondere Bedeutung zu. Hierbei sind grundsätzlich Investitions- und Folgekosten sowie das Restrisiko einzubeziehen.

Wenn die Folgenutzung variabel ist, ist das Sanierungsziel auf die Folgenutzung festzulegen, die das höchste Kosten-Nutzen-Verhältnis aufweist.

Im Bereich der Vergabe bestehen Einsparmöglichkeiten durch Nutzung des Wettbewerbes, d.h. i.d.R. öffentliche oder beschränkte Ausschreibung, auf der Grundlage einer eindeutigen und detaillierten Leistungsbeschreibung (nach Möglichkeit LV).

Bei Großprojekten kann der Einsatz eines Projektmanagements kostenmindernd wirken.

Keinesfalls eingespart werden sollte bei:

- der Information und Beteiligung der Öffentlichkeit und der Betroffenen
- der behördlichen Abstimmung
- Arbeits- und Immissionsschutz

- der Qualitätssicherung und der Erfolgskontrolle
- allen Planungsbereichen mit großen Risikoquellen.

Bei welchen Qualitätsstandards bestehen welche Ermessensspielräume?

Als wichtige gesetzliche und administrative Qualitätsstandards sind die Altlasten-regelungen in den Landesgesetzen, Verwaltungsvorschriften, Erlasse und Richtlinien sowie Gerichtsentscheidungen zu nennen.

Eine behördliche Ermessensausübung erfolgt in der Regel immer bei der Auswahl von Art und Umfang der Untersuchungen sowie der Sanierungs- und Überwachungsmaßnahmen. Es gilt der Grundsatz der Geeignetheit und Angemessenheit (Wahl des mildesten Mittels, Übermaßverbot). Weiterhin ist bei der behördlichen Störerheranziehung/-auswahl immer das Ermessen auszuüben (z.B. Verursacherprinzip, Leistungsfähigkeit des Störers).

Als *technische Qualitätsstandards* sind Handbücher und Fachinformationsschriften zu nennen, die standardisierte Bearbeitungssystematiken enthalten. Da jeder Sanierungsfall eigene Charakteristika hat, muß diese Literatur zwangsläufig Freiraum für angepaßte Lösungen bieten. Insofern gibt es i.d.R. keine vorab definierten Qualitätsstandards was die Festlegung von Sanierungsverfahren und -techniken angeht.

Normierte Qualitätsstandards, wie z.B. DIN-Normen bei der Analytik, die HOAI oder die VOB/VOL enthalten nur geringe oder klar abgegrenzte Ermessensspielräume.

Welche Sanierungsverfahren kann man unter Berücksichtigung der ökologischen-ökonomischen Optimierung bei der Sanierung bewohnter Altlasten empfehlen?

Da jedes Altlastenprojekt eine eigene Charakteristik im Hinblick auf Nutzung, Schadstoffinventar, Gefahrensituation, Standortbedingungen und Interessenlagen der Betroffenen usw. besitzt, können hier konkrete und allgemein gültige Empfehlungen nicht gegeben werden. Im Einzelfall kann es sinnvoll sein, sich dem Problem mit einem Bewertungsmodell zu nähern.

Folgende Grundaussagen sind jedoch möglich: In Anbetracht knapper Kassen ist wegen geringerer Investitionskosten ein Trend zu Sicherungsmaßnahmen zu erkennen. Dieser Ansatz ist jedoch vordergründig, da grundsätzlich erhöhte Folgekosten (Überwachung ggf. Reparatur) aufgrund des noch vorhandenen Gefahrenpotentials einzubeziehen sind.

Wegen der Sensibilität bewohnter Altlasten dürften Dekontaminations- und Umlagerungsmaßnahmen aufgrund der geringeren Nachsorgekosten infolge des geringeren Restrisikos auch bei im Einzelfall hohen Investitionskosten eine große Bedeutung behalten.

ULRICH URBAN

Die größte Risikoquelle liegt bei einer unzureichenden Vorerkundung und/oder Sanierungserkundung bzw. –untersuchung. Diese führen in vielen Fällen zu Fehlpanungen und treiben so manches Projekt in ein ökonomisches Desaster. Insbesondere sind hierbei die Beurteilungen der vorgefundenen Schadstoffe und deren Relation zu bestehenden Richt-, Orientierungs- und Grenzwerten sowie deren toxikologischen und ökologischen Verhalten herauszustellen. In vielen Fällen wird bei der Beurteilung toxikologisch relevanter Stoffe und Stoffgruppen die humantoxikologische Relevanz und somit deren ökologische Bedeutung und Verhalten überbewertet und/oder die „Bewertungszahlen" unverhältnismäßig niedrig „geschraubt" und der Blick von den realistischen Verhältnismäßigkeiten abgewandt. Die Folge ist eine Planung von Maßnahmen die weder in ihrer gesamtheitlichen Darstellung noch in ihrer Ausführung in einem vernünftigen Verhältnis zu dem zu erreichenden Ziel stehen.

Weitere Risiken bergen sich noch z.B. in der Erfüllung unverhältnismäßiger Auflagen, in der Fehleinschätzung von zeitlichen Vorstellungen zur Beendigung von Sanierungsmaßnahmen, im kommunalen Bereich insbesondere bei der Reduzierung von vorgesehenen Geldmitteln (hierbei besteht die Gefahr die Planung auf den Abweg Sicherung statt Sanierung zu leiten) und Haushaltssperren und bei eventuellen zieldesorientierten Selbstdarstellungen von Planungsbüros.

Einsparpotentiale ergeben sich bei vorwiegend bei den Dekontaminations/ Entsorgungsmaßnahmen. Sinnvolle pragmatische Verwertung/ Entsorgung, die insbesondere eine behördliche Flexibilität und bevölkerungspolitische Akzeptanz voraussetzen, führen zu Einsparungen in Größenordnungen um 30–50 %.

Fundierte und qualifizierte Erkundungen, Bewertungen, Gefährdungsabschätzungen und Vorplanungen schaffen die Voraussetzungen für die *Durchführung einer ökonomischen und ökologisch orientierten Sanierung. Hierbei sollten keinerlei Kosten gescheut werden.*

Prinzipiell bestehen für alle Qualitätsstandards Ermessensspielräume sofern mit den Modifikationen das Planungsziel erreicht wird.

Für die Sanierung von Altlasten (bewohnten Altlasten) gibt es keine Patentrezepte (auch wenn viele Beteiligten und Betroffenen es meinten) und das Festhalten und Arbeiten nach derzeitigen Qualitätsstandards impliziert keinen Sanierungserfolg im ökologischen und ökonomischen Sinn.

Sicherungs bzw. Schadensminimierungsmaßnahmen sowie Nutzungseinschränkungen, als billigste Strategie, sollten sich auf mindergenutzte Bereiche sowie Industienutzungsareale beschränken. Bei *bewohnten Altlasten* sollte das *oberste Ziel die Sanierung (Entfernen/ Aushub aller ökologisch relevanter Schadstoffe)* sein.

W 4: „Projektbeiräte – Bürgerbeteiligung als Motor oder Bremse der Altlastensanierung?"

Moderation:

HANS-JÜRGEN PFLUGRADT (Rechtsanwalt, Wiesbaden)

Referenten:

- WOLFGANG BERNHARDT (Regierungspräsidium Darmstadt, Staatliches Umweltamt)
- JOCHEN BLECHER (Stadtverwaltung Stadtallendorf, BürgerBeteiligungsBüro)
- DR. RALF PETER (Projektbeirat Altlasten Neuschloß, Lampertheim)

Zusammenfassung der Ergebnisse

PETRA VOßEBÜRGER

Die Frage, ob Projektbeiräte und Bürgerbeteiligung allgemein eher als Motor oder als Bremse der Altlastensanierung wahrgenommen werden, kann als Fazit der Diskussion der etwa zwanzig Teilnehmer eindeutig beantwortet werden: der Komplexität der Situation angepaßte Formen der Bürgerbeteiligung und der Öffentlichkeitsarbeit gelten als Motor der begleitenden Verfahren.

Als wichtige Erfolgsfaktoren wurden genannt:

- kooperative Zusammenarbeit aller Beteiligten,
- Frühzeitigkeit als Grundsatz für die Information der Betroffenen,
- kontinuierliche Beteiligung und regelmäßige Information der Betroffenen,
- Benennung klarer Ansprechpartner für alle relevanten Themen.

Als hilfreich für die Verantwortlichen in betroffenen Kommunen wurde eine „to-do-Liste der Bürgerbeteiligung" erachtet, analog zu der Checkliste für die Informationsbeschaffung aus Sicht von Betroffenen (Quelle: Broschüre „Risiko Eigentum", herausgegeben vom Bund für Umwelt und Naturschutz Deutschland – BUND). Ferner wurde der Erlaß der bereits vorgesehenen Rechtsverordnung für noch offene juristische Fragen angeregt (z.B. Legitimation von sanierungsbegleitenden Gremien).

Fragestellungen der Diskussion

Die Diskussion wurde durch drei kurze Impulsreferate von

- Wolfgang Bernhardt (Regierungspräsidium Darmstadt, Staatliches Umweltamt),
- Jochen Blecher (Stadtverwaltung Stadtallendorf, BürgerBeteiligungsBüro) und
- Ralf Peter (Projektbeirat Altlasten Neuschloß, Lampertheim)

eingeleitet und strukturiert.

Die Statements zu hessischen Erfahrungen allgemein (Herr Bernhardt) sowie speziell aus Stadtallendorf (Herr Blecher) und Lampertheim (Herr Peter) sind in Kurzform ebenfalls in dieser Veröffentlichung enthalten.

Aufbauend auf den Ausführungen der Referenten wurden folgende Fragestellungen behandelt:

- Ab wann sollte Bürgerbeteiligung vorgesehen werden?
- Wie soll die Bürgerbeteiligung gestaltet werden?
- Welche Möglichkeiten und welche Grenzen sind mit Beiräten verbunden?

Ab wann sollte Bürgerbeteiligung vorgesehen werden?

Die Devise „so früh wie möglich" stellt eine nach Ansicht der Teilnehmer richtige, aber gleichzeitig unpräzise Beschreibung des geeigneten Zeitpunkts für Bürgerbeteiligung dar. Einigkeit bestand in der Wahl eines Zeitpunktes „vor dem Knall" und „vor Weichenstellungen". Verschiedene Meinungen existierten jedoch zu der Frage, ob schon beim ersten Verdacht oder erst nach dessen Bestätigung die Öffentlichkeit informiert werden solle. Im ersten Fall wurde „unbegründete Panikmache" befürchtet und im zweiten Fall wurde die „mangelnde Transparenz" kritisiert. Teilnehmer aus Kommunalverwaltungen machten darauf aufmerksam, daß sich bestimmte Städte (besonders in Nordrhein-Westfalen) aufgrund einer ausgesprochen hohen Zahl von Verdachtsflächen den Aufwand gar nicht leisten könnten, vor Verdachtsbestätigung aktiv zu werden.

Eine Annäherung der Positionen ergab sich aus der Differenzierung zwischen Information einerseits und Beteiligung andererseits. Zur Vertrauensbildung sinnvoll erschien der Mehrheit die umgehende Information der Betroffenen nach Bekanntwerden des Verdachts. Eine schrittweise Einbindung der Betroffenen und der Öffentlichkeit solle hingegen erst nach dessen Bestätigung erfolgen.

Wie soll die Bürgerbeteiligung gestaltet werden?

„Was würde ich als Betroffener erwarten?"

Ein Perspektivenwechsel der Verantwortlichen unter dieser Fragestellung würde nach Ansicht der Teilnehmer helfen, zum richtigen Zeitpunkt das Richtige zu tun. Aus Sicht der Verantwortlichen hieße die entsprechende Frage:

von staatlichen Vorgaben und Maßnahmen, hat sicher Bedeutung dafür, wie der Beirat von den Betroffenen „angenommen" wird.

2. Der Beirat gibt gegenüber der Behörde „Empfehlungen" ab. Damit bleibt die Zuständigkeit der Behörde, die abschließende Entscheidung selbst zu treffen, gewahrt.

   Eine weitergehende Bindung der Behörde an Entschlüsse des Beirats kann auch nicht erwartet werden; damit würde die Stellung der Behörde im Vollzug des Ordnungsrechts gefährdet.

   „Empfehlungen" sind aber auch mehr als bloße Meinungsäußerungen. Aus der Stellung des Beirats ergibt sich, daß die Empfehlung nicht einfach ignoriert oder bloß zur Kenntnis genommen werden darf; andernfalls wäre der Beirat überflüssig. Die Behörde ist vielmehr verpflichtet, sich mit der Empfehlung zu befassen und, wenn sie ihr nicht folgt, dies zu begründen.

3. Beiräte sind eine Form der Bürgerbeteiligung. Diese hat sich besonders in der Stadtplanung und der Infrastrukturplanung entwickelt als eine besondere Form „direkter" Demokratie, nämlich der Mitbestimmung der unmittelbar Betroffenen, die über die bloße Rechtswahrung hinaus und vor allem auch frühzeitig Einfluß nehmen sollen auf die Entwicklung von Großprojekten.

   Diese Planungen (Stadtentwicklung, Straßenbau etc.) sind gekennzeichnet durch ein hohes Maß an Entscheidungsfreiheit. Es ist darüber zu entscheiden, ob, wie und wo ein Projekt realisiert werden kann. Dabei sind die entgegenstehenden Belange zu berücksichtigen, abzuwägen und zu gewichten. Planungsträger ist in der Regel die öffentliche Hand. An den Ausbau der Verkehrswege (Flughafen, Straße oder Schiene) knüpfen sich verkehrspolitische Grundsatzfragen im Konflikt zwischen Ökonomie und Ökologie.

   Diese Entscheidungsfreiheit gibt es im Recht der Altlastensanierung, einem Teilgebiet des Ordnungsrechts, nicht in demselben Umfang. Entsprechend geringer ist die Möglichkeit, die Sanierungsentscheidung mit einer Form der Bürgerbeteiligung, dem Beirat, zu beeinflussen.

   Die Sanierung ist grundsätzlich nicht Aufgabe der öffentlichen Hand, sondern eines Sanierungspflichtigen. Wo Städte als Träger der Sanierung aufgetreten sind, haben sie, oft unausgesprochen, in ihrer Verantwortung als Träger der Bauleitplanung gehandelt, auf die die Bebauung einer kontaminierten Fläche zurückzuführen ist.

   Die Heranziehung eines Sanierungspflichtigen zur Sanierung durch ordnungsrechtliche Anordnungen ist von diesem mit Rechtsmitteln angreifbar. Anordnungen müssen den Grundsätzen der Geeignetheit, Erforderlichkeit und Verhältnismäßigkeit entsprechen. Die Behörde entscheidet, im Rahmen fachlicher oder rechtsverbindlicher Vorgaben, über den Beginn (Eingriffswert) und das Ende (Sanierungszielwert) einer Sanierung; die Vorgaben können diese Entscheidung aber nicht voll determinieren, es besteht notwendigerweise ein Spielraum bei der Anpassung an die besonderen örtlichen Verhältnisse. Einen Sanierungsplan zu entwickeln ist dagegen in der Regel Aufgabe der Sanierungspflichtigen; im Rahmen der rechtlichen Vorgaben und behördlichen Entscheidungen hat er die Wahl der Mittel.

   Die Behörde ist zudem oft nicht nur berechtigt, sondern verpflichtet, Maßnahmen zum Schutz bestimmter „Schutzgüter" anzuordnen. Wenn von einer Flä-

che eine Beeinträchtigung des Grundwassers ausgeht, ist die Frage, ob hier einzuschreiten ist, kaum verhandelbar. Die Betroffenen sind sogar zur Duldung von Maßnahmen verpflichtet.
Nach dem neuen Bundes-Bodenschutzgesetz (BBodSchG) ist es auch nicht Pflicht der Behörde, sondern des Sanierungspflichtigen, die Betroffenen zu informieren (§ 12). Die Einrichtung eines Beirats und seine Beteiligung an der Sanierung ist nicht vorgesehen.

4. Der Beirat kann „Empfehlungen" für die Sanierung abgeben. Wenn eine Vielzahl von Personen von der Sanierung betroffen ist, können deren Interessen, je nach persönlicher, familiärer oder finanzieller Situation, ganz verschieden oder auch gegensätzlich sein. Das kann sich auswirken vom Verlangen, in Ruhe gelassen zu werden, bis zum laut verkündeten Anspruch auf sofortige Sanierung. Da der Beirat aber nur eine und nicht mehrere, vielleicht sogar widersprüchliche Empfehlungen abgeben kann, wird die Entscheidung über unterschiedliche Interessen in den Beirat verlagert – oder der Beirat spricht nicht für alle. Entscheidend ist deshalb, daß er in einem Verfahren gebildet wird, in dem unterschiedliche Interessen zur Geltung gebracht werden können.
Wegen der möglichen unterschiedlichen Interessenlagen kann der Beirat auch nicht einfach als „Vertreter" aller Betroffenen angesehen werden. Die Behörde kann sich nicht darauf beschränken, nur mit ihm die wesentlichen Fragen einer Sanierung abzustimmen. Sowohl die Betroffenen wie die Behörde können und müssen auch direkt in Verbindung treten; das kann geschehen in Bürgerversammlungen oder auch in Einzelgesprächen, die gerade dann angezeigt sind, wenn ein Betroffener seine Belange nicht in öffentlichen Versammlungen vertreten kann oder will.

5. Neben der in Hessen gering ausgeprägten förmlichen Rechtsstellung spielt der Beirat eine wesentliche Rolle bei der gegenseitigen Information von Betroffenen und der Behörde. Er kann die Behörde über Besonderheiten des Sanierungsfalles, die nur den Betroffenen bekannt sind, und deren Wünsche und Befürchtungen, die eher im Kreis der Betroffenen als gegenüber der Behörde geäußert werden, informieren. Umgekehrt kann er bei den Betroffenen aufgrund seines höheren Informationsstandes und der intensiveren Beschäftigung mit der Sanierung auch Verständnis für die behördlichen Maßnahmen wecken. Es versteht sich, daß damit auch Gefahren für das Rollenverständnis des Beirats verbunden sein können.
Den Kontakt mit den Betroffenen zu halten ist sowohl Aufgabe des Beirats wie der Behörde. Der Beirat sollte selbst darüber entscheiden, wie die Betroffenen anzusprechen und in die Entscheidungen des Beirats einzubeziehen sind. Die Behörde kann bei bestimmten Schwerpunkten alle Betroffenen zu Informationsveranstaltungen einladen. In Hessen ist bei großen Sanierungen der Sanierungsplan öffentlich auszulegen und, ähnlich wie bei einem Planfeststellungsverfahren, ein Anhörungsverfahren durchzuführen. Damit ist sichergestellt, daß jeder seine Belange zur Geltung bringen kann.

6. Der Beirat sollte möglichst frühzeitig im Projektablauf einer Sanierung gebildet werden. Nur so kann verhindert werden, daß sich die Betroffenen als einzelne einem nicht durchschauten Verfahren ausgeliefert fühlen. Seine Beteili-

gung sollte in regelmäßigen Treffen mit den zuständigen Behörden – auch den für das Bauplanungs- und Bauordnungsrecht zuständigen – bestehen.

Dabei sollte von einer Überfrachtung dieser Treffen mit Verfahrensregeln abgesehen werden.

Die Anforderungen an die Kompetenz des Beirats sind erheblich. Diese Kompetenz zu erwerben, ist eine wesentliche Aufgabe für den Beirat und einer der Gründe dafür, daß es ihn gibt; hier erfüllt er eine wesentliche Funktion, denn es ist nicht allen Betroffenen möglich, den fachlichen und rechtlichen Fragen einer Sanierung zu folgen. Nur fachliche begründete Empfehlungen haben Aussicht auf Berücksichtigung; ein bloßes Wünschen oder Wollen reicht hier nicht aus. Eine finanzielle Unterstützung für eine fachliche Beratung des Beirats gibt es in Hessen nicht, wäre aber wünschenswert. Sie würde den Umgang zwischen Beirat und Behörde erleichtern.

Die Sanierung einer bewohnten Altlast ist ein tiefer, sich oft über Jahre hinziehender Eingriff in das Leben der Betroffenen. Der Beirat kann hier über die eigentliche Sanierung hinaus ein Diskussionsforum für alle damit zusammenhängenden Fragen sein.

Ob der Beirat Motor oder Bremse einer Sanierung ist, läßt sich so nicht beantworten. Er ist in jedem Fall ein notwendiger Bestandteil und sicher auch ein sinnvoller – auch wenn er einmal bremst.

JOCHEN BLECHER

Das BürgerBeteiligungsBüro (BBB) ist neben dem Projektbeirat Altlasten Stadtallendorf die zweite Säule der Bürgerbeteiligung in diesem Sanierungsverfahren. Die Aufgaben des BBB bestehen in der Information und vertraulichen Beratung der Betroffenen, der Mittlertätigkeit zwischen Betroffenen, Sanierungsträger und Genehmigungsbehörde sowie der Unterstützung bei der Beteiligung der Bürger an der konkreten Sanierungsplanung.

In diesem Zusammenhang spielt die Sanierungsvereinbarung, die zwischen Eigentümern und dem Land Hessen geschlossen werden kann, eine entscheidende Rolle.

Die Sanierungsvereinbarung besteht aus einem allgemeinen Teil (Aussagen zu Finanzierung, Inanspruchnahme Vertragsgrundstück, Gewährleistung etc.) und einem flurstücksbezogenen Teil, in dem detaillierte Regelungen zur Sanierung des Grundstückes vereinbart werden. Der allgemeine Text der Sanierungsvereinbarung wurde zwischen der Stadt Stadtallendorf, dem Projektbeirat, der Interessengemeinschaft, dem BBB und dem Land Hessen (RP Gießen/HMUEJFG) ausgehandelt. Dieses Vorgehen hat ein großes Vertrauen in die Sanierungsvereinbarung bei den Betroffenen bewirkt.

Zur Vorbereitung der Sanierungsvereinbarung führt das BBB mit jedem Betroffenen Gespräche, um die konkreten Sanierungsmaßnahmen auf dem Grundstück abzustimmen und Fragen zur Sanierungsvereinbarung zu beantworten.

Die Erfahrungen in Stadtallendorf zeigen, daß Bürgerbeteiligung im Rahmen von komplexen Altlasten-Sanierungsverfahren folgende Ziele verfolgen sollte:

- Beteiligung von Anfang an ermöglichen,
- Standpunkte und Interessen eindeutig darstellen,
- konsensorientiertes Vorgehen,
- Vertrauen bilden.

Um dies zu gewährleisten sollten folgende Rahmenbedingungen erfüllt werden:

- offene und zeitnahe Information der Betroffenen über alle projektrelevanten Vorgänge,
- Einbeziehung von Betroffenen in die konsensorientierte Abstimmung von Entscheidungen,
- Zuständigkeiten auf Seiten des Sanierungsträgers und der Genehmigungsbehörde klären,
- Beirat mit professioneller Unterstützung und einem frei verfügbaren Etat.

Es ist wünschenswert, daß die Einbeziehung von Betroffenen in die konsensorientierte Abstimmung von Entscheidungen schon in der ersten Phase der Sanierungsplanung, d.h. bei der Auswahl von Gutachtern etc. erfolgt. Mit diesem Schritt kann viel Vertrauen geschaffen werden.

Unsere Erfahrungen deuten darauf hin, daß sich die Formen der Bürgerbeteiligung den Phasen der Altlastensanierung anpassen sollten, d. h. für die Planungsphase einer Altlastensanierung und die konkrete Sanierung auf den betroffenen Wohn- und Gewerbegrundstücken können veränderte Beteiligungsformen effektiv sein.

Die Bürgerbeteiligungsgremien sollten in der Phase der konkreten Sanierung in der Lage sein, kurzfristig Entscheidungen zu treffen.

Die Betreuung der Betroffenen während der Bodensanierung durch das BürgerBeteiligungs-Büro hat sich als notwendiges Instrument praktischer Bürgerbeteiligung erwiesen.

Notwendig für den engen Kontakt zu den Bürgern über einen längeren Zeitraum ist der persönliche Kontakt durch Gespräche und gebietsbezogene Bürgerversammlungen. Begleitend hierzu sollten schriftliche Informationen zu aktuellen Fragestellungen erarbeitet werden. Als Hintergrundinformationen für einen weiteren Interessentenkreis können Ausstellungen und Informationsveranstaltungen durchgeführt werden.

Im Gespräch mit Betroffenen und Projektbeteiligten anderer Altlastensanierungsverfahren zeigt sich, daß Mittel und Instrumente der Bürgerbeteiligung der jeweiligen Situation des Sanierungsprojektes angepaßt sein sollten. Hierbei sind u.a. Art und Umfang der Sanierungsmaßnahme, Interesse und Mitwirkungsbereitschaft der Betroffenen sowie die Stellung der kommunalen Gremien zum Sanierungsprojekt ausschlaggebend.

DR. RALF PETER

Die Einbeziehung der betroffenen Bürger in Form eines Projektbeirates sollte ab dem ersten Anfangsverdacht einer Altlast umgesetzt werden. Die Behörden sollten die Errichtung von Beiräten fördern und forcieren und gegebenenfalls Hilfestellungen geben. Ein offener Umgang mit den Betroffenen fördert die Vertrauensbasis, die Grundlage für die jahrelange Zusammenarbeit sein sollte. Diese ist bei bewohnten Altlasten eine wesentliche Voraussetzung für die Sanierungsplanung und die Durchführung der Sanierung. Die Möglichkeiten der Einbeziehung sind vielfältig. Die Behörden können Bürgervertreter regelmäßig zu Besprechungen einladen, Besprechungen vor Ort abhalten, Öffentlichkeitsarbeit betreiben und ein Bürgerbüro in dem bewohnten Altlastengebiet einrichten. Hier besteht die Möglichkeit, Unterlagen einzusehen oder Gespräche zu führen. Eine ständige Präsenz baut Hemmungen ab und erleichtert den Umgang miteinander.

Eine Beschränkung der Information auf gelegentliche öffentliche Vorstellung von Gutachten reicht nicht aus. Auch benötigen die ehrenamtlichen Mitglieder eines Projektbeirates Unterstützung, Information und Vertrauen von den Behörden. Die Ohnmacht der Bürger darf nicht zur Wut ausarten. Dies zu verhindern ist Aufgabe der Behörden und der Bürgervertretung.

Ein Projektbeirat kann wertvolle Hilfe oder Hemmschuh der Sanierung werden. Dies hängt aber maßgeblich vom Verhalten der Behörden ab.

Die Autoren

Adams, Joachim — Regierungspräsidium Kassel, Staatliches Umweltamt Bad Hersfeld, Postfach 1861, 36228 Bad Hersfeld

Bernhardt, Wolfgang — Regierungspräsidium Darmstadt, Staatliches Umweltamt, Dez. Altlastensanierung, Luisenplatz 2, 64283 Darmstadt

Bick, Henning — Regierungspräsidium Gießen, Staatliches Umweltamt Marburg, Robert-Koch-Str. 15–17, 35037 Marburg

Blecher, Jochen — Stadtverwaltung Stadtallendorf, BürgerBeteiligungsBüro, Bahnhofstr. 2, 35260 Stadtallendorf

Bloser, Marcus — Institut Kommunikation & Umweltplanung GmbH, Altfriedstr. 16, 44369 Dortmund

Brüggemann, Thomas — Hessisches Ministerium für Umwelt, Energie, Jugend, Familie und Gesundheit, Mainzer Str. 89–102, 65189 Wiesbaden

Claus, Dr. Frank — Institut Kommunikation & Umweltplanung GmbH, Altfriedstr. 16, 44369 Dortmund

Dannemann, Horst — Erdbaulaboratorium Ahlenberg, Am Offenbrink 40, 58313 Herdecke

Deutsch, Dr. Markus — Rechtsanwälte Gleiss, Lutz, Hootz, Hirsch, Gärtnerweg 2, 60322 Frankfurt/Main

Hesse, Werner — 1. Stadtrat Stadtallendorf, Bahnhofstr. 2, 35260 Stadtallendorf

Höhlein, Prof. Dr. Günter — Hessische Industriemüll GmbH, Kreuzberger Ring 58, 65205 Wiesbaden

Kilger, Dr. Ralf — Umweltbehörde der Hansestadt Hamburg, Fachamt für Altlastensanierung, Billestr. 84, 20539 Hamburg

Nimsch, Margarethe — Ministerin a.D., Hessisches Ministerium für Umwelt, Energie, Jugend, Familie und Gesundheit, Mainzer Str. 80, 65189 Wiesbaden

Peter, Ralf — Projektbeirat Altlasten Neuschloß, Alter Lorscher Weg 20, 68623 Lampertheim

Pflugradt, Hans-Jürgen — Rechtsanwalt, Heinrich-Zille-Str. 21, 65201 Wiesbaden

Rietmann, Stephan — Institut Kommunikation & Umweltplanung GmbH, Altfriedstr. 16, 44369 Dortmund

Steffens, Kai — Probiotec GmbH, Schillingstr. 333, 52355 Düren

Black, Heather L.
Mark Hampton

U.S. Army Environmental Center
Aberdeen Proving Ground, Edgewood Area, Maryland

Stoller Detlef

Bundesverband der Altlastenbetroffenen,
Wiesdorfer Platz 3, 51373 Leverkusen

Thater, Michael

Landratsamt Lörrach,
Amt für Wasserrecht und Bodenschutz,
Palmstr. 3, 79539 Lörrach

Urban, Ulrich

Hessische Industriemüll GmbH,
Geschäftsbereich Altlastensanierung (HIM-ASG),
Kreuzberger Ring 58, 65205 Wiesbaden

Voßebürger, Petra

Institut Kommunikation & Umweltplanung GmbH,
Altfriedstr. 16, 44369 Dortmund

Weingran, Christian

Hessische Industriemüll GmbH,
Geschäftsbereich Altlastensanierung (HIM-ASG),
Projektleitung Stadtallendorf,
Brahmsweg 1e, 35260 Stadtallendorf

Wittmann, Dr. Uwe

Umweltbundesamt,
Projektträger des BMBF für Abfallwirtschaft
und Altlastensanierung im Umweltbundesamt Berlin
Bismarckplatz 1, 14193 Berlin

Wolf, Michael

Hessische Industriemüll GmbH,
Geschäftsbereich Altlastensanierung (HIM-ASG),
Projektleitung Hirschhagen,
Daimlerstr. 2, 37235 Hessisch Lichtenau

Weiterführende Literatur

- AKADEMIE FÜR KOMMUNALEN UMWELTSCHUTZ (Hrsg.) (1991): Produktiver Umgang mit Konflikten – Planen und Entscheiden in einer demokratischen Gesellschaft; Georgsmarienhütte

- ALBACH, H.; SCHADE, D. und SINN, H. (Hrsg.) (1991): Technikfolgenforschung und Technikfolgenabschätzung; Berlin

- ALBERT, G. und EBERLEI, B. (1990): Konzept der Umweltverträglichkeitsprüfung bei der Bewertung und Sanierung von Altlasten; in: Handbuch der Altlastensanierung, Kap. 4.2.5; S. 1-6

- BAYER, H. (1993): Kooperation suchen; in: AKP; 4; S. 38-41

- BECKMANN, M. und GROSSE-HÜNDFELD, N. (1990): Wiederverwertung von Industrie- und Gewerbebrachen mit Hilfe von Sanierungsvereinbarungen; in: Betriebs-Berater, Heft 23; S. 1570-1575

- BERBERICH, G. (1993): Hinweise zur Ermittlung und Sanierung von Altlasten; MINISTERIUM FÜR UMWELT, RAUMORDNUNG UND LANDWIRTSCHAFT DES LANDES NORDRHEIN-WESTFALEN (Hrsg.); Düsseldorf

- BICK, H. und REUSS, J. (1991): Rüstungsaltlasten: Vorkommen–Erfassung–Sanierung; in: EntsorgungsPraxis 4/91; S. 144-149

- BLOSER, M. (1993): Umweltverträgliche Altlastensanierung; in: Die Umweltverträglichkeitprüfung als Planungsinstrument: Planungs-UVP – Anlagen-UVP; PFAFF-SCHLEY, H. (Hrsg.); Taunusstein; S. 147-163

- BLOSER, M. und CLAUS, F. (1994): Raumverträgliche Altlastensanierung; in: EntsorgungsPraxis; 11; Gütersloh; S. 27-31

- BRANDT, E. (1993): Altlasten; Taunusstein

- BRAUNER, R. (1992): Altlasten und Haftung – zum Haftungsumfang der Sanierung bei Altlasten; in: ZAU 5/92; S. 388

- BREMER, H. und ROHWEDER, U. (1994): Hamburger Sanierungsleitwert für Grundwasser- und Bodenkontamination; in: Handbuch Bodenschutz; ROSENKRANZ; EINSELE und HARRESS (Hrsg.); Berlin; Kzf 3545

- BRÜDERLE, R. (1992): Sanierung belasteter Liegenschaften der Streitkräfte in Deutschland – Forderungen an die Bundesregierung und die Streitkräfte zur Sanierung freiwerdender Liegenschaften aus der Sicht des Landes Rheinland-Pfalz

- BUNDESFORSCHUNGSANSTALT FÜR LANDESKUNDE UND RAUMORDNUNG (1992): Bebaute Altlasten; in: Informationen zur Raumentwicklung 8/92

- BUNDESFORSCHUNGSANSTALT FÜR LANDESKUNDE UND RAUMORDNUNG (Hrsg.) (1997): Nachuntersuchung im ExWoSt-Forschungsfeld „Stadtökologie und umweltgerechtes Bauen". Expertengespräch zur Reaktivierung von Gewerbe- und Industriebrachen – am Beispiel Nordhorn-Povel –; Nordhorn, Povel-Gelände

- BUNDESMINISTERIUM FÜR RAUMORDNUNG, BAUWESEN UND STÄDTEBAU (Hrsg.) (1990): Altlastensanierung und Gewerbebrachenwiedernutzung; Bonn

- BUNDESUMWELTMINISTERIUM (Hrsg.) (1998): Gesetz zum Schutz des Bodens. Text des am 5.2.1998 vom Deutschen Bundestag beschlossenen Bundes-Bodenschutzgesetzes; Bonn

- BUNDESUMWELTMINISTERIUM(Hrsg.) (1996): Altlastensanierung. Ökologischer Aufbau; in: Eine Information des Bundesumweltministeriums; Bonn

- BUND FÜR UMWELT UND NATURSCHUTZ e.V., BUND (Hrsg.) (1997): Risiko Eigentum, „Augen auf beim Grundstückskauf", Bonn

- CLAUS, F. (1992): Sanierungsverantwortlichkeit, Finanzierung, Bürgerbeteiligung

- CLAUS, F. (1993): Konfliktlösungsverfahren in Deutschland; Dortmund

- CLAUS, F. und LINNEROOTH-BAYER, J. (1992): Public Participation: The Case of a Contaminated Site in Germany (Draft)

- CLAUS, F. und WEINGRAN, C. (1992): Altlasten im Park – nichts für die Öffentlichkeit?

- CLAUS, F.; BLOSER, M. und HELLMICH, A. (1993): Raumverträglichkeit von Altlastensanierungen (TA 3); in: Forschungsbericht: UMWELTBUNDESAMT / STADT DORTMUND (Hrsg.); 103 02 122; Dortmund

- CLAUS, F.; GREMLER, D. und SCHMIDT, H. (1993): Altsanierung mit Bürgern planen; in: Umwelt (VDI); 1/2; S. 42–44

- CLAUS, F.; KOZIOROWSKI, A. und VOßEBÜRGER, P. (1996): Wüste lebt. Osnabrück: Der Beirat für Deutschlands größte bewohnte Altablagerung gilt in einer Zwischenbilanz als gelungenes Experiment; in: Entsorga-Magazin; Nr. 10/96; Dortmund; S. 54-57

- DER RAT VON SACHVERSTÄNDIGEN FÜR UMWELTFRAGEN (Hrsg.) (1989): Sondergutachten Altlasten; Wiesbaden

- DER RAT VON SACHVERSTÄNDIGEN FÜR UMWELTFRAGEN (Hrsg.) (1995): Sondergutachten Altlasten II; Stuttgart

- DIEDERICHS, C. und RÜLLER, G. (1992): Arbeitshilfen zur Beauftragung von Planern, Gutachtern und Firmen mit der Sanierung von Altlasten; Wuppertal

- DISCHER, H. und KRAUS, S. (1990): Sanierung bewohnter Altlasten. Fallstudien zur Entwicklung von Ansätzen konsensorientierter Konfliktlösung. Diplomarbeit am FB Raumplanung; Dortmund

- DISCHER, H. und KRAUS, S. (1991): Vergiftete Träume – Leben und Wohnen auf Altlasten; in: Raumplanung 53; S. 99-103

- EVANGELISCHE AKADEMIE LOCCUM (1990): Münchehagen Mediation, Diskussionsvorschlag (Version 1.3, 25.7.1990) für die Strukturierung eines Vermittlungsverfahrens zur Bearbeitung der Probleme und Konflikte

- FISCHER, B. und KÖCHLING, P. (Hrsg.) (1994): Sanierung der bewohnten Altlast Bille-Siedlung; in: Praxisratgeber Altlastensanierung; Augsburg

- FÖRDERVEREIN FORSCHUNGSZENTRUM UMWELTTECHNOLOGIE (Hrsg.) (1991): Unterstützung von Genehmigungsbehörden durch privatwirtschaftliche Unternehmen – eine Möglichkeit zur Beschleunigung von Genehmigungsverfahren im Abfallrecht?; Dortmund

- FRANKE, D. (1992): Altlastensanierungsplanung im Rahmen kommunaler Stadtplanung

- FRITZ, H. (1991): Mögliche Vorgehensweise bei der Übertragung sanierter Grundstücke auf neue Nutzer; Dortmund

- GANS, B. und ROCH, I. (1993): Miteinander für die Umwelt streiten; in: Politische Ökologie; 31; München; S. 100-103

- GRABE, J.; KILGER, R.; MARG, K. und BRANDT, H. (1995): Sanierung der Bille-Siedlung – Planung und Ausführung; in: Altlasten-Spektrum; 2; Berlin; S. 73-83

- GROSSER, G. und SCHMIDT, H. (1994): Altlastensanierung – Mit den Bürgern; in: Dortmunder Materialien zur Raumplanung; FAKULTÄT RAUMPLANUNG UNIVERSITÄT DORTMUND (Hrsg.); 22; Dortmund

- GUSKI, R.; MATTHIES, E. und HÖGER, R. (1991): Psychosomatische Auswirkungen von Altlasten und deren Sanierung auf die Wohnbevölkerung; Bochum

- HACHMANN, R.; RAHRBACH, A. und ULRICI, W. (1992): Möglichkeiten zur Konfliktminderung bei der Altlastenbewältigung

- HUDEC, B.; EIKMANN, S.; MOHS, B.; GÜNTHER, P. und EIKMANN, T. (1993): Handlungs- und Nutzungsempfehlungen für Bewohner bzw. Nutzer von Altlasten aus umweltmedizinischer Sicht; in: altlasten-spektrum; 3/93; Berlin; S. 164-168

- INSTITUT FÜR KOMMUNALE WIRTSCHAFT UND UMWELTPLANUNG (Hrsg.) (1993): Umgang mit Altlasten – Planung, Sanierung, Förderung: Beratung für kommunale Handlungsträger; Darmstadt

- KELLERMANN, J. (1989): Siedlung Essen Zinkstraße – Ein Altlastenfall aus Siedlersicht

- KERNER, I. und RADEK, D. (1987): Wohnen auf Gift: Lebenskrise in Raten; in: Psychologie Heute 12/87; S. 37-43

- KESSLER, M. (1993): Defizite in der Beratung kreisangehöriger Städte Hessens im Bereich Altlasten; Kassel

- KILGER, R. (1993): Sanierung der Bille-Siedlung in Hamburg; in: Handbuch der Altlastensanierung; FRANZIUS/STEGMANN/WOLF/BRANDT (Hrsg.); 12

- KILGER, R. und HEIDEMANN, I. (1993): Bürgerbeteiligung bei der Sanierung der Bille-Siedlung in Hamburg: Erfahrungen und Schlußfolgerungen

- KILGER, R. und HEIDEMANN, I. (1994): Bürgerbeteiligung bei der Sanierung der Bille-Siedlung in Hamburg; in: AbfallWirtschaftsJournal; 4; S. 220-224

- KONGRESS- UND TAGUNGSBÜRO LHS STUTTGART (Hrsg.) (1994): Vortragsmanuskripte der Tagung Aktives Flächenmanagement; Stuttgart

- KÖNIG, W. (1993): Sanierung bewohnter Altlasten; in: AKP; 4; S. 41-46

- KRAPPA, S. (1991): Modell Barsbüttel? Mittlerunterstützte Konfliktlösung im Streit um eine bebaute Altlast in der Gemeinde Barsbüttel; Hamburg

- KÜHNEL, G. (1992): Menschen in Angst vor Altlasten: Gründe-Hilfen; in: Wasser und Boden 5/92; S. 25-28

- KUSTERER, R. (1990): Altlastenproblematik aus der Sicht des Bundesverbandes Altlasten-Betroffener (BVAB) – Ausgangslage und Planung

- LANDGERICHT KASSEL (1990): Ermittlungsverfahren gegen die Stadtwerke AG Kassel wegen des Verdachts des unerlaubten Betreibens einer Abfallentsorgungsanlage

- LEINEMANN, R. (1992): Amtshaftung für Altlasten: Ansprüche eines Mieters

- LOHS, K. (1992): Möglichkeiten und Grenzen der Entsorgung von militärischen Altlasten; in: Entsorgungspraxis 3/92; S. 101-105

- LOSKE, D. (1990): Böden biologisch, physikalisch und thermisch reinigen, Akzeptanzprobleme bei der Verbrennung; in: UMWELT 5/90; S. 265-267

- LOSKE, D. (1992): Rüstungsaltlasten bewältigen

- MACHROLF, M.; BARKOWSKI, D. und GÜNTHER, P. (1997): Bürgerinformation und -beteiligung bei der Altlastensanierung; in: Altlasten Spektrum; 1/97; S. 26-31

- MINISTERIUM FÜR UMWELT, RAUMORDNUNG UND LANDWIRTSCHAFT NRW (1993): Information und Mitwirkung von Betroffenen; in: NRW-Altlastenhinweise; 10/93; Düsseldorf; S. 1-40

- MUSSEL, C. (1993): Empelde – Ausnahme oder Regel? Betroffenenbeteiligung bei der Gefährdungsabschätzung und Sanierung einer Rüstungsaltlast?

- MUSSEL, C. und PFEIL, S. (Hrsg.) (1993): Giftweiber: Umweltgifte im Lebensalltag und die leidvollen Erfahrungen mit Öffentlichkeitsbeteiligung; in: Arbeitsberichte des Fachbereichs Stadtplanung und Landschaftsplanung; 112; Kassel

- MUSSEL, C. und PHILIPP, U. (1993): Beteiligung von Betroffenen bei Rüstungsaltlasten; Kassel

- MUSSEL, C. und PHILIPP, U. (1993): Beteiligung von Betroffenen bei Rüstungsaltlasten; in: Arbeitsberichte; MENSCH-UMWELT-TECHNIK, G. K. / W. Z. (Hrsg.); 23; Kassel

- MUSSEL, C. und PHILIPP, U. (1993): Beteiligung von Betroffenen bei Rüstungslatlasten; in: Arbeitsberichte; GESAMTHOCHSCHULE KASSEL / WISSENSCHAFTLICHES ZENTRUM MENSCH-UMWELT-TECHNIK (Hrsg.); 22; Kassel

- MUSSEL, C. und SCHRADER, C. (1994): Erste Erfahrungen mit dem Projektbeirat Wohnpark Empelde im Lichte des §19c des NAbfG

- MUSSEL, C.; SCHEIDIG, H. und KÖNIG, W. (1992): Beteiligung von Betroffenen bei Rüstungsaltlasten; in: Arbeitsberichte; GESAMTHOCHSCHULE KASSEL / WISSENSCHAFTLICHES ZENTRUM MENSCH-UMWELT-TECHNIK (Hrsg.); 19; Kassel

- NEUS, H. (1992): Erfahrungen im öffentlichen Dienst beim Dialog mit der Bevölkerung zum Umgang mit gesundheitlichen Risiken; Hamburg

- PETER, S.; SONNABEND, R. und MOGDANS, R. (1990): Probleme des planerischen Umgangs mit Rüstungsaltlasten: Das Beispiel Stadtallendorf; Vortrag bei der Tagung „Rüstungsaltlasten" des Umweltinstituts Offenbach; Offenbach

- PFLUGRADT, J. und BLOSER, M. (Hrsg.) (1996): Sanierung bewohnter Altlasten; in: Abfallwirtschaft in Forschung und Praxis; 88; Berlin

- PHILIPP, U. (1993): Rechtliche Normierung von Bürgerbeteiligung bei der Behandlung von (Rüstungs-) Altlasten?; WISSENSCHAFTLICHES ZENTRUM MENSCH UMWELT TECHNIK (Hrsg.); Kassel

- PLANUNGSGESELLSCHAFT BODEN UND UMWELT (Hrsg.) (1992): Informationen zum Altstandort „Sprengstoffabrik Carbonit AG" in Leverkusen-Schlebusch und zur aktuellen Situation

- RAHRBACH, A.; HACHMANN, R. und ULRICI, W. (1993): Konfliktminderung bei der Altlastsanierung; in: Altlasten Spektrum 1/1993

- REINKE, M.; RAULAND, U. und VON SCHELL, T. (1996): Workshop Kommunikationskultur bei Vorhaben der Altlastensanierung; in: Arbeitsbericht; AKADEMIE FÜR TECHNIKFOLGENABSCHÄTZUNG IN BADEN-WÜRTTEMBERG (Hrsg.); Nr. 66; Stuttgart

- ROSENFELDT, G. und KUBE, G. (1991): Gift unterm Haus – was tun?; Lahnstein

- SCHAEFER, K. W. (1997): Internationale Erfahrungen der Herangehensweise an die Erfassung, Erkundung, Bewertung und Sanierung militärischer Altlasten.; in: Texte; UMWELTBUNDESAMT (Hrsg.); 4/97 Bd. 2; Berlin

- SCHEIDIG, H.; FOTH, S.; PETER, S.; SONNABEND, R. und MEHNERT, M. (1993): Entwicklung eines Beteiligungsmodells im Sanierungsprozeß der Rüstungsaltlast Stadtallendorf; in: Arbeitsberichte; GESAMTHOCHSCHULE KASSEL (Hrsg.); Heft 21; Kassel

- SCHNEIDER, U. (1990): Sanierung der Rüstungsaltlast Hessisch-Lichtenau – Hirschhagen; UMWELT, H. F. und REAKTORSICHERHEIT (Hrsg.); Wiesbaden

- SCHNEIDER, U. (1992): Projektmanagement am Beispiel des Rüstungsaltlastenstandortes Hessisch Lichtenau–Hirschhagen

- SCHÜTZ, H. und WIEDEMANN, P.M. (1993): Umgang mit Risiken und Risikowahrnehmung bei der Sanierung von Altlasten; EVANGELISCHE AKADEMIE LOCCUM (Hrsg.); Jülich

- SENAT STADT HAMBURG (1992): Senatsmitteilung Teilsanierung Bille-Siedlung

- SIMMLEIT, N. und ERNST, A. (1994): Handbuch: Kommunales Altlastenmanagement – Ein praktischer Leitfaden; in: Berichte des Umweltbundesamtes; UMWELTBUNDESAMT (Hrsg.); 3/94; Berlin

- STADT DORTMUND (1991): Zusammenfassende Darstellung der Ergebnisse des Berichts „Psychosomatische Auswirkungen von Altlasten und deren Sanierung auf die Wohnbevölkerung", Beschlußvorlage; Dortmund

- STADT DÜSSELDORF (1990): Sanierungsverträge für Altlasten; Düsseldorf

- STADT HAMBURG (1993): Sanierungsvereinbarung Bille-Siedlung; Hamburg

- STADT LEVERKUSEN (1988): Entwurf der 3. öffentlich-rechtlichen Vereinbarung zwischen der Stadt Leverkusen und der Firma Bayer AG vom 10.10.88

- STRIEGNITZ, M. (1990): Konfliktmittlung bei der Sanierung von Altlasten – Der Fall "Münchehagen"; in: IUR 2/90; S. 43-44

- STRIEGNITZ, M. (1990): Mediation: Lösung von Umweltkonflikten durch Vermittlung; in: Zeitschrift für angewandte Umweltforschung, Jg. 3, Heft 1; S. 51-62

- SUSAT, D. (1992): Vermittler gefragt; in: Müllmagazin 2/92; S. 64-66

- SUSAT, D. (1993): Bericht über die Tätigkeit als fachlicher Beistand der bleibewilligen Bewohner und Bewohnerinnen im Rahmen der Sanierungsplanung der Bille-Siedlung; Hamburg

- TÜGEL, H. (1991): Sehnsucht nach Dioxin – Anregungen zum besseren Verständnis zwischen Sanierungsprofis und Altlasten-Opfern; in: UmweltMagazin 2/91; S. 82-84

- TUTZINGER FORUM ÖKOLOGIE (Hrsg.) (1990): Vergraben – vergessen – verdrängen; in: Tutzinger Materialien; 65; Tutzing

- ULRICI, W. (1992): Konflikte bei Altlastensanierungen

- ULRICI, W. (1994): Internationale Altlastenerfahrungen Synopse, Bewertung und Prüfung der Übertragbarkeit von Methoden und Konzeption; in: UBA-FKZ; 1470902; Bonn

- VOWE, G. (1992): Spielräume kommunaler Umweltpolitik – das Beispiel Altlasten. Habilitationsvortrag, Darmstadt am 30.1.1992

- WEINGRAN, C. (1993): Umgang mit Altlasten, Sanierung, Förderung – Beratung für Kommunale Handlungsträger ; Darmstadt

- WIEDEMANN, P. und KARGER, C. (1994): Mediationsverfahren: Ein Praxisleitfaden für den Einsatz bei entsorgungswirtschaftlichen Vorhaben; in: EntsorgungsPraxis; 8; S. 80-84

Ansprechpartner und Institutionen

- Abfallentsorgungs- und Altlastensanierungsverband NRW,
  Herr Gerhard Kmoch,
  Werksstr. 5, 45527 Hattingen
  Tel.: 02324-509-426

- AHU – Büro für Hydrogeologie und Umwelt GmbH,
  Herr Dr. Georg Meiners,
  Kirberichshofer Weg 6,
  52066 Aachen
  Tel.: 0241-900011-0

- BUND Arbeitskreis Altlasten,
  c/o BUND Bundesgeschäftstelle,
  Detlef Gerdts,
  Im Rheingarten 7, 53225 Bonn
  Tel.: 0228-40097-26

- Bundesministerium für Umwelt, Naturschutz und Reaktorsicherheit,
  Abteilung Bodenschutz/Altlasten,
  Herr Dr. Fritz Holzwarth
  Ahrstr. 20, 53175 Bonn
  Tel.: 0228-305-3405

- Bundesverband Altlasten-Betroffnener e.V. (BVAB),
  Herr Detlef Stoller,
  Wiesdorfer Platz 3,
  51373 Leverkusen
  Tel.: 0214-42272

- BürgerBeteilungsBüro Stadtallendorf,
  Herr Blecher, Herr Treude,
  Bahnhofstr. 2,
  35260 Stadtallendorf
  Tel.: 06428-707-320

- Bürgerbeteiligungsbüro Hessisch-Lichtenau Hirschhagen
  Herr Oliver Hamann,
  Daimlerstraße 2,
  37235 Hessisch-Lichtenau
  Tel.: 05602-9373-13

- Deutscher Städte- und Gemeindebund,
  Kaiserswerther Straße 19/201, 40474 Düsseldorf
  Tel.: 0211-4587-1

- Deutscher Städtetag,
  Umweltdezernent
  Herr Hennerkes,
  Lindenallee 13-17, 50986 Köln
  Tel.: 0211-3771-274

- Deutsches Institut für Urbanistik (difu),
  Straße des 17. Juni 112, 10623 Berlin
  Tel.: 030-39001-0

- Entwicklungsagentur östliches Ruhrgebiet,
  Herr Dr. Noll,
  Kleiweg 16, 59192 Bergkamen
  Tel.: 02307-96262-0

- Förderverein Forschungszentrum Umwelttechnologie e.V.,
  Herr Hans-Jürgen Ziegeler,
  Voßkuhle 38,
  44141 Dortmund
  Tel.: 0231-5199-162

- Gesamthochschule Kassel, Wissenschaftliches Zentrum Mensch - Umwelt - Technik,
  Frau Christine Mussel,
  Fiedlerstr. 20, 34127 Kassel
  Tel.: 0561-804-2306

- Hansestadt Hamburg, Umweltamt,
  Herr Dr. Ralf Kilger,
  Billestr. 84, 20539 Hamburg
  Tel.: 040-78803539

- Hessische Industriemüll GmbH, Geschäftsbereich Altlastensanierung (HIM-ASG),
  Herr Dr. Volker Böhmer,
  Kreuzberger Ring 58,
  65205 Wiesbaden
  Tel.: 0611-7149-700

- Hessisches Ministerium für Umwelt, Energie, Jugend, Familie und Gesundheit,
  Herr Brüggemann,
  Mainzer Str. 89,
  65189 Wiesbaden
  Tel.: 0611-815-1400

- Hessische Industriemüll GmbH, Geschäftsbereich Altlastensanierung (HIM-ASG),
  Projektbüro Stadtallendorf,
  Herr Christian Weingran,
  Brahmsweg 1e,
  35266 Stadtallendorf
  Tel.: 06421-51037

- Hessische Industriemüll GmbH, Geschäftsbereich Altlastensanierung (HIM-ASG),
  Projektleitung Hirschhagen,
  Herr Dr. Kock
  Daimlerstr. 2,
  37235 Hessisch-Lichtenau
  Tel.: 05602-93730

- Ingenieurtechnischer Verband Altlasten e.V. (ITVA),
  c/o Institut für wassergefährdende Stoffe,
  Alt-Moabit 73/73a, 10555 Berlin
  Tel.: 030-262-7041

- Institut für Landeskunde und Raumordnung,
  Herr Dr. Claus-Christian Wiegandt,
  Am Michaelshof 8, 53177 Bonn
  Tel.: 0228-826-230

- Institut für Umwelt-Analyse (IfUA),
  Herr Dr. Dietmar Barkowski,
  Milser Str. 15, 33729 Bielefeld
  Tel.: 0521-9771013

- Institut Kommunikation & Umweltplanung GmbH,
  Herr Dr. Frank Claus,
  Altfriedstr. 16, 44369 Dortmund
  Tel.: 0231-31891

- Internationale Bauausstellung
  Emscherpark (IBA),
  Herr Thomas Grohé
  Leithestr. 37-39, 45886 Gelsenkirchen
  Tel.: 0203-1703-115

- Ministerium für Umwelt, Raumordnung und Landwirtschaft des Landes NRW,
  Herr Fehlau,
  Schwannstr. 3, 40476 Düsseldorf
  Tel.: 0211-4566-0

- Nederland Gifvrij
  Herr Hanco de Baas
  Donkerstraat 17, 3511 Utrecht/ NL
  Tel.: 0031-30-2331318

- Planungsgesellschaft Boden & Umwelt mbH (PGBU),
  Herr Ulrich Schneider,
  Friedrich-Ebert-Str. 33, 34117 Kassel
  Tel.: 0561-774038

- Prof. Dr. Edmund Brandt,
  Universität Lüneburg, Fachbereich Umweltwissenschaft,
  21332 Lüneburg
  Tel.: 04131-782522

- Programmgruppe Mensch, Umwelt und Technik;
  Herr Dr. Peter M. Wiedemann,
  Forschungszentrum Jülich GmbH, 52428 Jülich
  Tel.: 02461-61-4806

- Projektbeirat Rüstungsaltstandort Hirschhagen,
  Gutenbergstr. 45,
  37235 Hessisch-Lichtenau
  Tel.: 05602-2070